贵金属催化剂制备
及其在清洁能源中的应用

赵海东 著

北 京
冶金工业出版社
2022

内 容 提 要

本书介绍了清洁能源领域催化剂的制备及应用技术，重点提出了一种无机离子液法制备催化剂的新方法和新技术。详细阐述了催化剂在甲醇、甲酸电催化氧化、氧气电催化还原和二氧化碳电催化还原方面的应用。

本书可供相关金属催化剂制备及性能测试的技术人员、科研院所研究人员阅读，也可供大专院校相关专业师生参考。

图书在版编目(CIP)数据

贵金属催化剂制备及其在清洁能源中的应用/赵海东著．—北京：冶金工业出版社，2022.11
ISBN 978-7-5024-9313-4

Ⅰ.①贵… Ⅱ.①赵… Ⅲ.①贵金属催化剂 Ⅳ.①TQ426.8

中国版本图书馆 CIP 数据核字(2022)第 192749 号

贵金属催化剂制备及其在清洁能源中的应用

出版发行	冶金工业出版社		电　话	(010)64027926
地　址	北京市东城区嵩祝院北巷 39 号		邮　编	100009
网　址	www.mip1953.com		电子信箱	service@mip1953.com

责任编辑　郭雅欣　美术编辑　吕欣童　版式设计　郑小利
责任校对　梅雨晴　责任印制　禹　蕊

北京建宏印刷有限公司印刷
2022 年 11 月第 1 版，2022 年 11 月第 1 次印刷
710mm×1000mm 1/16；9 印张；173 千字；133 页
定价 53.00 元

投稿电话　(010)64027932　投稿信箱　tougao@cnmip.com.cn
营销中心电话　(010)64044283
冶金工业出版社天猫旗舰店　yjgycbs.tmall.com
(本书如有印装质量问题，本社营销中心负责退换)

前　言

环境污染和能源短缺是当前世界经济发展的重大挑战，同时能源清洁、高效、系统化应用的技术体系对我国早日实现碳达峰、碳中和的双碳目标具有重大意义。燃料电池具有高效率、无污染、质量轻、发电量随体积（储存燃料）可变等优点，被称为21世纪的绿色环保能源，但同时燃料电池也有很多需要解决的问题，如高性能、低成本的贵金属催化剂的研制。传统制备贵金属纳米材料的途径一般是在有机溶剂、水或油水混合体系中通过添加有机的表面活性剂或结构导向剂等，对晶粒的形核、生长过程进行控制得以实现。但是在这些"传统"体系中，大多数有机溶剂、有机保护剂及其蒸气都会对环境及人体健康造成潜在的危害。而且，吸附在催化剂颗粒表面的有机保护剂和溶剂不容易被去除掉，这些杂质的存在会极大地降低催化剂的活性。另外，有机溶剂和有机保护剂的高价格和不可循环使用等缺点大幅增加了催化剂的制备成本，极大限制了催化剂的规模化生产和商业化应用。目前，虽然在有机离子液体中进行贵金属纳米材料合成可以在很大程度上降低对环境的影响，但是它们自身存在许多缺点，如合成过程复杂、价格高及在合成和回收有机离子液体时要用到大量挥发性有机溶剂，间接对环境造成污染。此外，有机离子液体的生物毒性及使用过的有机离子液体的处理问题也逐渐受到人们的关注。因此，探索一种不使用有机溶剂和有机保护剂的贵金属纳米材料合成新体系，对实现高性能贵金属基纳米材料催化剂的低成本、绿色合成及其商业化应用具有重要意义。

当前人类生活和生产的能源利用导致大气中CO_2浓度持续增加，

加重了全球变暖和气候变化的危害。为了降低自然界中 CO_2 的含量，保护人类赖以生存的地球生态环境，必须对 CO_2 采取有效的控制措施，直接将 CO_2 转化为有价值的化学产品是应对温室气体 CO_2 排放挑战的最佳解决途径。电化学还原 CO_2 处理技术是 CO_2 转化再利用的有效途径，当前制约其发展及应用的瓶颈是低成本、高选择性、高效率的电还原催化剂的开发与利用。铜银核壳双金属纳米粒子结合了 Cu 和 Ag 催化剂的电催化还原 CO_2 活性和选择性，在 CO_2 处理和再利用领域进行详细研究具有重要的实际应用前景。

基于上述清洁能源领域中催化剂制备及应用存在的问题，本书以探索铂及铂基合金纳米材料绿色制备方法及铜银核壳结构纳米材料制备方法为目标，进一步研究催化剂在清洁能源甲醇、甲酸电催化氧化、氧气电催化还原和二氧化碳电催化还原方面的应用。

本书使用 KOH-NaOH 和 KNO_3-$LiNO_3$ 无机离子液成功制备了多种形貌的铂及铂基合金纳米材料，且制备完全是在无机环境中，没有使用任何有机表面活性剂，从而使制备的纳米粒子表面非常洁净，晶面完全裸露，能发挥其最大的催化性能。这一合成新体系的优势在于低温熔盐液相温度范围宽、不易挥发、无毒、对环境无污染、原料来源广泛、成本更低且无须复杂的化学合成过程。

在 CO_2 电还原催化剂的制备中，采用控制铜核大小及银壳厚度生长的两步法，在油胺体系中制备铜核大小尺寸和银壳厚度可调节的 Cu@Ag 核壳双金属纳米粒子；通过对制备过程参数的研究，探明 Cu@Ag 核壳纳米粒子的生长机制，实现 Cu@Ag 双金属催化剂的可控制备；进一步考察 Cu@Ag 核壳双金属纳米粒子尺寸与银壳厚度与 CO_2 电还原催化活性的关系，揭示 Cu@Ag 纳米粒子结构与性能之间的内在联系。

本书对于高效贵金属催化剂研制和催化性能与结构之间关系的研究有一定参考价值。本书得到中央引导地方科技发展资金项目

（YDZX20201400001843）、山西省留学人员科技活动择优资助项目（20220032）和山西大同大学的基金支持，在此表示感谢。

由于作者水平有限，书中不足之处，希望广大读者给予批评指正。

赵海东

2022 年 4 月

目　　录

1 绪论 ·· 1

　1.1　概述 ·· 1

　1.2　贵金属纳米材料研究进展概述 ·· 1

　1.3　铂、铂基双金属在燃料电池领域的应用 ································ 2

　　1.3.1　燃料电池研究现状 ·· 2

　　1.3.2　铂单金属纳米结构的电化学催化性能 ···························· 4

　　1.3.3　铂基双金属纳米结构的电化学催化性能 ······················· 11

　1.4　铂及铂基合金纳米材料制备研究 ·· 21

　　1.4.1　离子液体 ··· 21

　　1.4.2　有机离子液法制备纳米材料 ······································ 21

　　1.4.3　无机离子液法制备纳米材料 ······································ 23

　1.5　铜银核壳纳米材料在二氧化碳电催化还原领域的应用 ············ 26

　　1.5.1　CO_2 电催化还原反应 ·· 26

　　1.5.2　银及其合金纳米结构的二氧化碳电还原催化性能 ·········· 26

　1.6　主要内容 ··· 30

2 贵金属纳米材料的绿色制备 ··· 33

　2.1　概述 ·· 33

　2.2　实验部分 ··· 34

　　2.2.1　试剂及仪器 ·· 34

　　2.2.2　实验方法 ··· 34

　2.3　结果讨论 ··· 35

　　2.3.1　大批量制备的凹面结构 Pt 纳米粒子表征结果 ··············· 35

　　2.3.2　回收无机离子液的表征 ·· 36

　2.4　本章小结 ··· 39

3 KOH-NaOH 体系中铂、铂基合金制备及电催化性能研究 …… 40

3.1 概述 …… 40
3.2 实验部分 …… 41
3.2.1 试剂及仪器 …… 41
3.2.2 制备方法 …… 42
3.2.3 表征方法 …… 43
3.2.4 电催化性能 …… 44
3.3 结果讨论 …… 45
3.3.1 Pt 纳米片表征结果 …… 45
3.3.2 Pt 纳米花和 PtPd 纳米片表征结果 …… 51
3.3.3 Pt 纳米片氧气还原反应电化学催化性能 …… 52
3.3.4 Pt 和 PtPd 纳米片及 Pt 纳米花的甲醇电催化氧化性能 …… 54
3.4 本章小结 …… 58

4 KNO_3-$LiNO_3$ 体系中铂、铂基合金制备及电催化性能研究 …… 59

4.1 概述 …… 59
4.2 实验部分 …… 60
4.2.1 试剂及仪器 …… 60
4.2.2 制备方法 …… 61
4.2.3 表征方法 …… 62
4.2.4 电催化性能 …… 62
4.3 结果讨论 …… 63
4.3.1 凹面结构的 Pt 纳米粒子表征结果 …… 63
4.3.2 凹面结构的 PtPd 纳米粒子表征结果 …… 70
4.3.3 凹面结构的 Pt_xCu_y 合金纳米粒子 …… 70
4.3.4 Pt_xAg_y 合金纳米空心结构 …… 78
4.3.5 凹面结构 Pt 的甲醇电化学催化氧化及抗 CO 毒化性能 …… 82
4.3.6 Pt_xCu_y 合金纳米粒子甲醇和甲酸电化学催化氧化性能 …… 84
4.3.7 Pt_xAg_y 合金纳米粒子甲醇和甲酸电化学催化氧化性能 …… 87
4.3.8 碱性介质中 PtAg 合金中 Ag 对催化反应的促进作用 …… 92
4.4 本章小结 …… 98

5 两种无机离子液体系中产物生长机制的讨论 ·········· 100
5.1 离子壳层的保护作用 ·········· 100
5.2 前躯体的还原 ·········· 101
5.3 气泡做软模板 ·········· 102
5.4 本章小结 ·········· 103

6 铂-金-银三元合金的制备及性能研究 ·········· 104
6.1 概述 ·········· 104
6.2 试验过程 ·········· 105
6.2.1 药品和仪器 ·········· 105
6.2.2 金-银二元合金纳米胶体的制备 ·········· 105
6.2.3 铂-银-金三元合金纳米胶体的制备 ·········· 105
6.3 结果与讨论 ·········· 106
6.3.1 UV-Vis 表征结果 ·········· 106
6.3.2 TEM 表征结果 ·········· 108
6.4 本章小结 ·········· 110

7 Cu@Ag 核壳结构纳米材料的制备及其电催化还原二氧化碳性能研究 ··· 111
7.1 概述 ·········· 111
7.2 实验部分 ·········· 111
7.2.1 实验所需药品 ·········· 111
7.2.2 铜纳米颗粒的制备 ·········· 112
7.2.3 铜-银核壳纳米粒子的制备 ·········· 112
7.2.4 催化剂附载方法 ·········· 112
7.2.5 材料表征方法 ·········· 113
7.3 结果与讨论 ·········· 114
7.3.1 相同 Cu 核大小和不同 Ag 壳厚度 Cu@Ag 的制备及表征 ·········· 114
7.3.2 不同大小 Cu 核和不同 Ag 壳厚度 Cu@Ag 的制备及表征 ·········· 116
7.3.3 Cu@Ag 核壳球状纳米粒子的二氧化碳电催化性能 ·········· 117
7.4 本章小结 ·········· 118

参考文献 ·········· 119

1 绪 论

1.1 概 述

金属纳米材料可以定义为构成金属材料的基本单元在三维空间上至少有一个维度处在纳米尺度(1~100nm)[1]。当金属材料的基本组成单元尺寸小到纳米级时,纳米粒子尺寸可与电子德布罗意波长相比拟,从而导致电子局限在一个体系限定的狭小纳米空间中,限制了电子的输运,量子效应显著体现,这些微观的量子效应会使金属纳米材料在光、热、电、磁等物理性质表现出与块体材料明显的不同[2-7]。同时,金属纳米材料的表面效应也随基本组成单元尺寸的减小而增强,比表面积显著增大,金属表面会出现很多活性位点、表面原子台阶等,这些均有利于金属纳米材料在催化反应中的应用。贵金属(金、银、铂、钯、钌、铑、锇和铱八种元素)被誉为"工业维生素",是目前纳米材料领域研究的热点。本章主要对贵金属纳米材料铂、铂基双金属和铜银核壳纳米材料的制备及其在清洁能源领域的应用进行论述。

1.2 贵金属纳米材料研究进展概述

贵金属纳米材料由于具有常规金属无法比拟的优异性能而广泛应用于光学、声学、电学、磁学、力学和催化等领域,一般可以分为贵金属单质、贵金属合金化合物、贵金属原子簇、贵金属膜材料和贵金属复合材料等类型[8]。其中贵金属单质和贵金属合金化合物纳米材料是获得工业应用最多的贵金属纳米材料。

贵金属及其合金化合物具有优异的催化性能,尤其是铂被称为万能催化剂,因此在工业化生产中被大量用作催化剂使用。随着工业用贵金属数量的急剧增大,致使贵金属价格快速上涨,极大增加了工业生产的成本。此外,贵金属催化剂易中毒,失去催化活性,造成生产成本的进一步加大。目前人们主要通过以下几个途径来缓解供需矛盾:

(1) 控制贵金属纳米材料的尺寸,当贵金属纳米材料的尺寸减小到小尺寸时，其表面原子数量和比表面积会急剧增大，催化性能也会得到极大提高；

（2）制备不同形貌结构的多面体贵金属纳米材料，并控制其表面被具有高催化活性的晶面所包覆，得到对某些特定反应具有高催化性能的催化剂；

（3）制备含有两种或两种以上贵金属元素的合金化合物，如 PtAg、PtAu、PtPd、PtAgAu 等，依靠不同原子间的协同作用来提高催化性能；

（4）利用非贵金属（如 Cu、Fe、Ni、Pb、Co、Zn 等）来部分取代贵金属得到二元及三元合金等，这样不仅可以极大地降低成本，还会增强催化剂的抗毒化性能；

（5）将贵金属纳米材料负载在活性炭、碳纳米管、沸石等活性载体上，可以有效地防止纳米材料的团聚，保持好的分散性，有助于催化剂催化性能的保持；

（6）将贵金属纳米材料与非贵金属纳米材料复合等。

1.3　铂、铂基双金属在燃料电池领域的应用

金属铂和铂基双金属凭借其卓越的催化性能，目前被广泛应用于有机合成催化反应、光催化降解有机物、光催化产氢以及燃料电池中。本节重点对铂和铂基双金属在燃料电池中的应用进行阐述，包括：燃料电池的研究现状，单金属铂和铂基双金属作为燃料电池的阳极催化剂和阴极催化剂来催化氧化甲醇、甲酸、乙醇等有机小分子，以及催化氧气还原反应(oxygen reduction reaction，ORR)。

1.3.1　燃料电池研究现状

燃料电池是将天然气、水煤气、氢气、一氧化碳、甲醇、甲酸、乙醇等燃料与氧气或空气反应的能量，通过电化学反应直接转变成电能的电化学反应装置。燃料电池不同于一般的一次电池（原电池）和二次电池（蓄电池）。在燃料电池中燃料作为反应物连续供给，反应的产物随时排出体系，这样燃料电池就会持续工作不断产生电能，而不需要像传统的电池那样要不断地为电池充电和补充消耗的反应物，所以燃料电池具有很高的可靠性和较长寿命。燃料电池具有高效率、无污染、质量轻、发电量随体积（储存燃料）可变等优点，因此被称为 21 世纪的绿色环保能源。但同时燃料电池也有很多需要解决的问题，如生产成本高、燃料气体的存储、高性能阳极阴极催化剂的研制、电解质膜（如 Nafion 膜）的改进等。

燃料电池根据其电解质和燃料的不同主要可以分为：质子交换膜燃料电

池（PEMFC）、直接液体燃料电池、磷酸燃料电池（PAFC）、碱性燃料电池（AFC）、熔融碳酸盐燃料电池（MCFC）、固体氧化物燃料电池（SOFC）等类型燃料电池[9,10]。以下主要对常见的质子交换膜燃料电池和直接液体燃料电池进行简单介绍。

质子交换膜燃料电池是由质子导体聚合物电解质膜（全氟磺酸聚合物PSAP，目前最常用的是美国杜邦化学公司生产的Nafion离子交换膜）做固体电解质，氢气和氧气作为反应物构成的。通常在Nafion离子交换膜两侧分别沉积铂催化剂和多孔碳电极，构成电极｜催化剂｜膜｜催化剂｜电极这种像三明治状的结构，即质子交换膜燃料电池的膜电极组件(MEA)，如图1-1所示。为了保持Nafion离子交换膜（在水合状态下电导率最高）的电导率，PEMFC的工作温度一般低于90℃，低的工作温度对催化剂的性能提出了更高的要求，因此发展高性能铂及铂基合金催化剂成为目前贵金属纳米材料研究的重点。

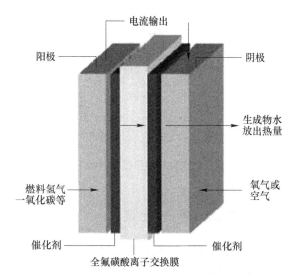

图1-1 质子交换膜燃料电池的膜电极组件示意图

直接液体燃料电池是将PEMFC中使用的气体燃料变为不同类型的液体燃料的电池。根据液体燃料的类型主要有直接甲醇燃料电池(DMFC)、直接乙醇燃料电池(DEFC)、直接甲酸燃料电池(DFAFC)、直接硼氢化物燃料电池(DBHFC)、直接肼燃料电池(DHFC)等。在这些电池中反应燃料均是以水溶液的形式供给电池的，这些水可以充分润湿聚合物质子交换膜，同时也可以带走反应产生的热量，降低电池的工作温度。

在PEMFC、DMFC、DEFC和DFAFC这些燃料电池中催化剂的选择是一个很关键的问题，直接决定了电池的发电效率和稳定性。目前各种结构的单金属铂、铂基合金、核壳结构等贵金属纳米材料被广泛用作燃料电池阳极和阴极催化剂[11]，如图 1-2 所示。研究表明电催化活性与这些催化剂的形貌、结构、尺寸、表面原子分布、分散性等密切相关，所以具有特定尺寸、结构和形貌的铂及铂基双金属纳米材料的研制开发一直受到了众多研究者的重视[12-17]。

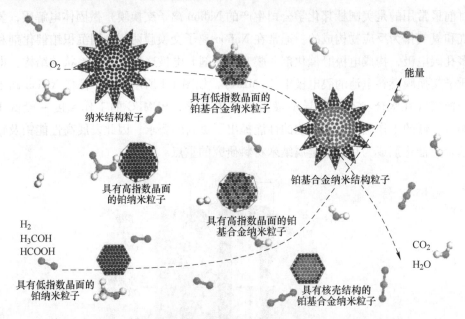

图 1-2　各种铂及铂基纳米结构材料用作燃料电池阳极和阴极催化剂示意图

1.3.2　铂单金属纳米结构的电化学催化性能

贵金属铂催化剂的催化活性与纳米晶体的尺寸、形貌和表面结构密切相关。最近的研究表明，通过控制催化剂粒子的形貌，使其形成有利于催化过程的表面结构是进一步提高其催化性能的重要途径[18]。1996 年，El-Sayed 课题组最早报道了利用有机聚合物聚丙烯酸钠作为结构导向剂来制备具有不同形貌（四面体、立方体等多面体）单金属铂纳米颗粒[19,20]。这一研究结果的报道是利用有机聚合物和表面活性剂制备不同形貌纳米颗粒，并研究其电催化性能同纳米粒子形态和表面结构的相关性成为目前贵金属纳米材料领域的研究热点。迄今为止，多种纳米结构，如一维纳米线[21-28]、纳米管[29,30]、二维纳米片[31-34]、薄膜[35,36]，三维多面体结构[37-40]、凹面结构[41-47]以及空心结构[48,49]等已经被广泛报道。相比于普通的商用 Pt 催化剂，这些特殊结构的纳米粒子均表现出了更加优良的电化学催化性能（如甲醇、甲酸和乙醇等有机小分子的电化学催化氧化以及氧气的催化还原等）。

有的研究表明，增加催化剂的表面积有利于提高催化剂颗粒表面的活性位点密度，从而有利于提高催化反应效率。空心结构的纳米材料具有大比表面积、低密度和高孔隙率等结构特性，因此表现出远高于实心纳米颗粒的 ORR 和甲醇催化活性。例如，Peng 等人[48]通过电化学除银的方法将 Pt-on-Ag 异质结构内部的银去掉，得到了空心立方结构的铂纳米结构。电化学除银是在 0.6~1.0V 电压以 100mV/s 的扫速进行 3000 次线性扫描，从而得到了平均边长为 6nm，壁厚仅有 1.5nm 的铂空心立方结构。甲醇催化氧化实验结果表明，铂空心立方结构表现出比铂空心球和铂参比催化剂更为优良的催化氧化性能，其反应转化频率(TOF)分别是铂空心球和铂参比催化剂的 1.5 倍和 1.9 倍，如图 1-3~图 1-5 所示。铂空心立方结构优异的催化性能得益于主导其表面结构的 {100} 晶面的甲醇催化氧化活性高于铂空心球表面的 {111} 晶面。Wang 等人[50]采用超声处理氯铂酸钾、带枝状烷基链的非离子型嵌段共聚物以及抗坏血酸的混合溶液，并通过控制体系里聚合物的总量得到了两种高比表面积的开放多孔结构，枝状和多臂星形纳米结构，如图 1-6 和图 1-7 所示。其中枝状纳米结构的表面积高达 $77m^2/g$，星形纳米结构的表面积为 $72m^2/g$，远远高于商用铂黑的表面积 $20~28m^2/g$，因此纳米粒子表现出优良的电化学催化活性。此外，该课题组还利用介孔二氧化硅分子筛为硬模板制备了具有大比表面积的介孔铂纳米材料[51]。

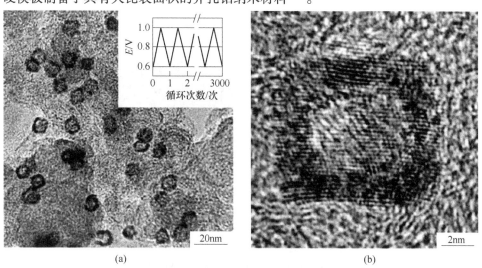

图 1-3 铂空心立方结构 TEM 照片

(a) 20nm（插图为电化学除银过程）；(b) 2nm

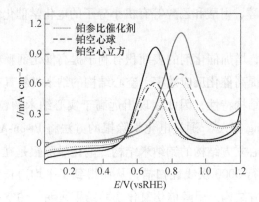

图 1-4 铂空心立方、铂空心球和铂参比催化剂的甲醇催化氧化

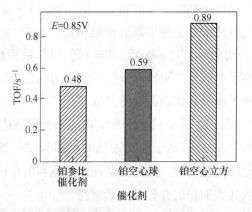

图 1-5 对应峰电压下的反应转化频率

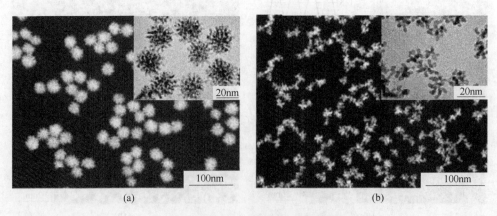

图 1-6 大表面积枝状和星形铂纳米材料 SEM 照片

(a) 枝状铂纳米材料；(b) 星形铂纳米材料

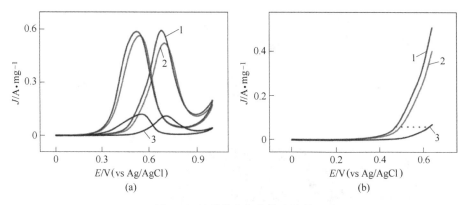

图 1-7 甲醇催化氧化伏安曲线
（a）循环伏安曲线；（b）线扫伏安曲线
1—星形 Pt 纳米材料；2—枝状 Pt 纳米材料；3—Pt 黑

通过控制纳米粒子的形貌制备具有高催化活性晶面的催化剂颗粒也是提高贵金属纳米粒子催化活性的有效途径。通常情况下，贵金属 Pt 纳米粒子在形核和生长的过程中总是趋向于形成由低指数晶面包络的结构，比如 {100}、{110} 和 {111}，这是由于这三种晶面具有较低的表面能，易于使纳米粒子达到能量较低的稳定状态[52]。面心立方结构金属晶面的表面能大小顺序为：γ{111} < γ{100} < γ{110} < γ{hkl}（h、k 和 l 中至少有一个不小于 2）。例如，立方体结构由 {100} 晶面组成，四面体、八面体、十面体和二十面体由 {111} 晶面组成，立方八面体由 {111} 和 {100} 晶面组成，斜方十二面体由 {110} 晶面组成。相对于低指数晶面，高指数的 {hkl} 晶面则由于具有高台阶密度和高的表面能导致在垂直于高指数面方向的晶体生长速率远远高于低指数晶面，从而导致高指数面在纳米粒子生成过程中很快消失。因此采用常规的方法很难得到具有高指数晶面的纳米粒子[53]。近几年，人们对于具有高指数晶面的贵金属纳米粒子的合成研究已经取得了显著的成果，同时由于高指数晶面具有大量的低对称原子、台阶原子、边角和扭结原子等可以作为催化反应活性位点的缺陷，所以在甲醇甲酸催化氧化和氧气催化还原反应中表现了较好的电化学性能[40,44,47,53-57]。

2007 年，孙士刚等采用方波电化学法首次报道了铂二十四面体纳米晶体，其表面被 24 个高指数面 {730}、{210} 和 {520} 所包覆，如图 1-8 和图 1-9 所示。该方法以球形 Pt 纳米粒子为基，通过连续的脉冲放电，使处于热力学不稳定状态的高指数晶面稳定地保留下来[40]。这一成果为具有高指数晶面的纳米粒子的合成奠定了基础。此外，该课题组采用类似的电化学方法制备了具有高指数晶面 {910}、{10, 1, 0}、{11, 1, 0} 和 {12, 1, 0} 覆盖的凹面结构的二十

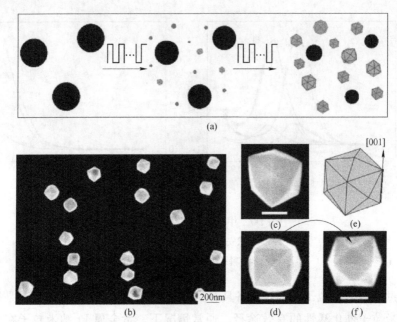

图 1-8 铂纳米球在方波电场作用下转变为二十四面体示意图及
不同方向观察到的铂二十四面体形状

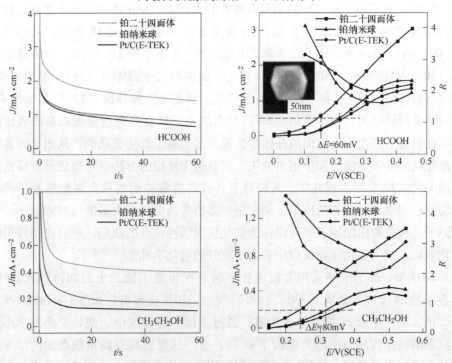

图 1-9 高指数晶面的铂二十四面体、铂纳米球及铂碳
三种催化剂对甲酸、乙醇电催化性能比较

四面体铂纳米晶体,乙醇电催化结果表明高指数面的催化能力和稳定性均明显优于市售铂黑催化剂[54]。具有凹面的多面体晶粒其表面多是由高指数面构成,因此受到了研究者的极大重视。如图 1-10 所示,Huang 等人[44]通过溶剂热反应在 160℃的高压反应釜中反应 11h 得到了表面为高指数晶面 {411} 包覆的凹面结构铂纳米晶体,这些暴露在表面的高指数面使产物具有优异的甲酸和乙醇电化学催

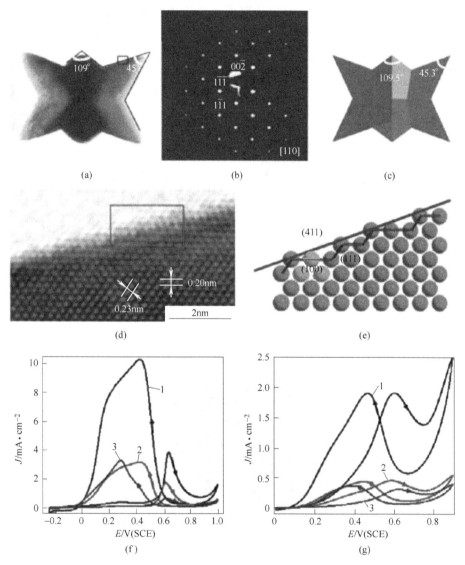

图 1-10 溶剂热反应制备的 {411} 包覆的凹面结构铂纳米晶体的透射、
选区衍射花样和高分辨照片及其电催化甲酸乙醇性能

1—凹面结构铂;2—铂黑;3—Pt/C

化氧化活性。Yu 等人[47]利用氯铂酸钾和焦磷酸二氢二钠形成焦磷酸铂络合物为前躯体，硼氢化钠稀溶液为还原剂，通过缓慢滴加混合，制备出表面被 $\{510\}$、$\{720\}$ 和 $\{830\}$ 晶面包覆的凹面立方体纳米粒子，如图 1-11～图 1-14 所示。相比于表面被低指数晶面包覆的立方体、立方八面体纳米粒子以及市售铂碳催化剂，这种具有高指数表面结构的催化剂颗粒具有更高的 ORR 催化活性。此外，就铂的低指数晶面而言，当电解液为高氯酸时，Pt$\{111\}$ 晶面的 ORR 催化活性明显高于 Pt$\{100\}$ 晶面[47]。因此，具有 8 个 $\{111\}$ 的八面体结构的 Pt 纳米粒子的 ORR 催化活性明显高于只有 $\{100\}$ 晶面的立方体结构的铂纳米粒子。

图 1-11　透射照片
(a) 铂凹面立方结构；(b) 立方八面体结构；(c) 立方体结构
(插图为相应的模型图)

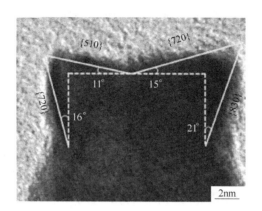

图 1-12　铂凹面立方结构的高指数晶面标定

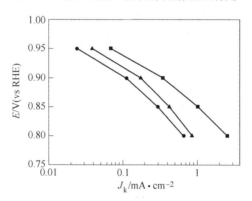

图 1-13　三种催化剂的 ORR 动态电流密度曲线

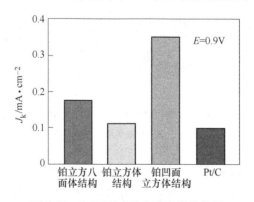

图 1-14　0.9V 对应的电流密度柱状图

1.3.3　铂基双金属纳米结构的电化学催化性能

由于单金属铂做催化剂价格昂贵，且容易中毒失活，为了解决这一问题，人们利用相对便宜的 3d 过渡金属来部分取代金属铂，制备双金属纳米结构，不仅可以极大地降低成本，同时由于双金属的协同作用会极大地增强产物的催化活性以及抗毒化性能。通常按照两种金属原子的空间分布可以分为合金和异质结构。

1.3.3.1 铂基合金纳米粒子

合金可以看作是两种或多种金属的固溶体，金属原子在原子级别完全自由混合，金属原子间的电子耦合使合金具有不同于单组分金属性能，组分的可调性使得合金具有较宽的组成范围和可调节的物化特性。依照结晶的有序性，金属合金可以进一步细分为如图 1-15 所示的三种结构：

（1）两种互溶性很好的金属原子随机分布形成固溶体；

（2）两种互溶性不太好的金属原子形成合金，同一种原子趋向于小区域聚集；

（3）金属原子形成有序分布，对于长程有序原子分布的合金通常称为金属间化合物[58]。金属间化合物通常会形成具有固定配比的 AB、AB_2 或 AB_3 等类型。

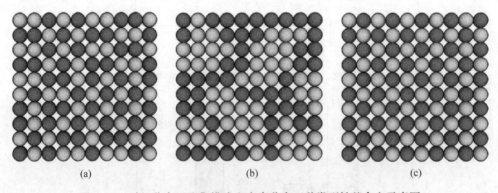

图 1-15 随机分布、聚集模式和有序分布三种类型铂基合金示意图
(a) 随机分布；(b) 聚集模式；(c) 有序分布

目前，通过在液相条件下对前驱体还原及晶粒形核和生长的动力学和热力学过程的控制，多种具有特殊形貌的铂基双金属纳米粒子已经被报道，如 PtPd[59,60]、PtNi[16,61]、PtAg[62-64]、PtCo[65,66]、PtCu[67-70]、PtFe[71]、PtMn[72] 和 PtPb[73,74] 等。Stamenkovic 等人[16]研究对比了 Pt_3Ni 合金和单金属 Pt 的三个低指数晶面的 ORR 催化活性，研究结果表明 Pt_3Ni 的 {111} 晶面拥有特殊的有利于 ORR 催化的原子排列和电子结构。如图 1-16 所示，单金属 Pt 低指数晶面

在高氯酸中的 ORR 催化活性的大小顺序为 Pt{100} << Pt{111} < Pt{110}，当 Pt 与 Ni 元素形成 Pt$_3$Ni 合金后，ORR 催化活性的大小顺序变为 Pt$_3$Ni{100} < Pt$_3$Ni{110} <<< Pt$_3$Ni{111}。Pt$_3$Ni{111} 晶面表现出优于 Pt{111} 晶面 10 倍的催化活性，这可归因于 Pt$_3$Ni 合金的 {111} 面的 d 能带中心相对于费米能级降低了 0.34eV，比 {100} 和 {110} 面降低得多。Yang 等人[75]采用 CO 气体还原法制备了立方体和八面体的 Pt$_3$Ni 合金。如图 1-17～图 1-19 所示，立方体结构的 Pt 表面是 {100} 晶面，八面体的 Pt$_3$Ni 表面是 {111} 晶面，因此八面体结构的 Pt$_3$Ni 纳米粒子比立方体颗粒表现出更高的 ORR 催化活性。

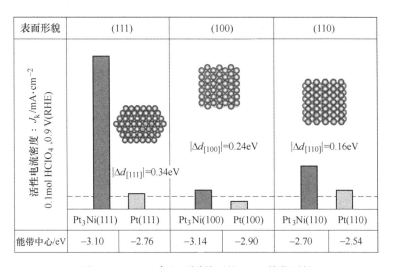

图 1-16　Pt$_3$Ni 合金不同晶面的 ORR 催化活性

(a)

(b)

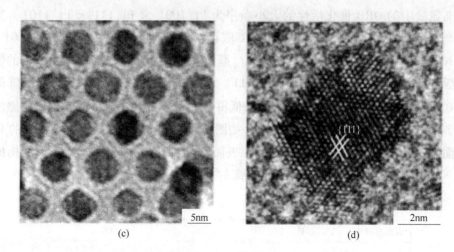

图 1-17 Pt$_3$Ni 的 TEM 照片

(a), (b) 立方体；(c), (d) 八面体

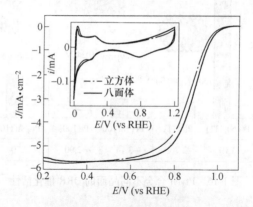

图 1-18 ORR 极化曲线和 CV

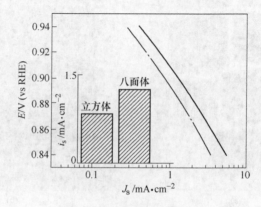

图 1-19 面积活性电流比较

最近合成具有高指数晶面的贵金属合金纳米粒子成为研究热点，这是由于这种纳米粒子既能形成有利于催化过程的表面结构，发挥纳米粒子尺寸效应、表面效应的优势，又兼具合金材料中异质原子间的相互作用、特定晶面异常电子结构和原子几何排列方式导致的高活性特点，有利于全面提高贵金属基合金粒子的催化性能。Yin 等人[76]制备了凹面立方结构的铂铜二元合金和铂钯铜三元合金，凹面为高指数晶面。其方法是将氯铂酸钾、氯化铜、氯钯酸钠、PVP 和不同量的溴化钾以及盐酸混合溶于水中，在高压反应釜中 160℃下反应 4h，其中 PVP 既是保护剂又作为还原剂。研究表明，反应中铂和铜首先会被共还原，而溴离子的存在会与铂离子络合为 $[PtBr_4]^{2-}$ 离子，由此极大地降低了 Pt(Ⅳ) 的还原速率，此外由于溴离子对 {100} 晶面的选择性吸附，使 $[PtBr_4]^{2-}$ 在 {100} 晶面的浓度增大，与 {100} 晶面上的 Cu 原子发生置换反应，从而形成内凹结构的表面。图 1-20～图 1-22 为该方法制备的纳米立方体 PtCu、凹面立方体 PtCu 和凹面立方体 PtPdCu 的透射照片。如图 1-23 所示，Pt NCs 指立方体结构的铂，Pt-Cu NCs 指立方体结构的铂铜合金，Pt-Cu CNCs 指凹面立方体结构的铂铜合金，PtPdCu CNCs-1指经过 4h 的紫外臭氧处理的铂钯铜凹面立方体三元合金，PtPdCu CNCs-2指未进行紫外臭氧处理的铂钯铜凹面立方体三元合金，对所有样品进行甲醇电化学催化氧化测试，实验结果表明具有高指数晶面的凹面立方体颗粒比表面为低指数晶面包覆的立方体结构粒子具有更高的甲醇催化氧化活性。

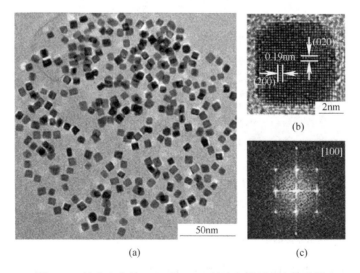

图 1-20　纳米立方体 PtCu 的 TEM 照片和傅里叶变换花样
(a) TEM 照片；(b), (c) 傅里叶变换花样

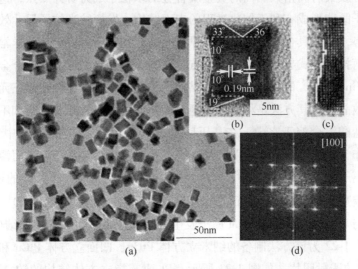

图 1-21 凹面立方体 PtCu 的 TEM 照片和傅里叶变换花样
(a) TEM 照片；(b)~(d) 傅里叶变换花样

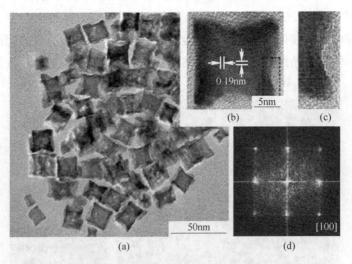

图 1-22 凹面立方体 PtPdCu 的 TEM 照片和傅里叶变换花样
(a) TEM 照片；(b)~(d) 傅里叶变换花样

1.3.3.2 双金属异质结构

双金属异质结构按照两种金属的分布可以分为枝状结构、核壳结构和单层原子膜 3 种[77]。本文以 Pd 与 Pt 两种金属组成的异质结构为例进行概述。表 1-1 简单总结了几种 Pd-Pt 双金属异质结构的种类和制备方法。

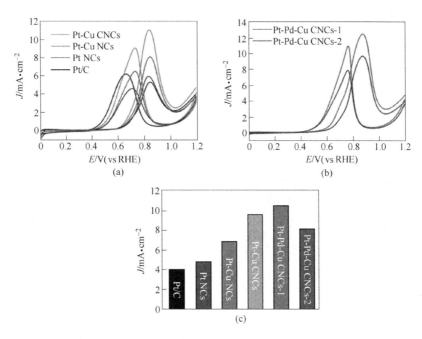

图 1-23 各种催化剂的甲醇催化氧化性能

表 1-1 **Pd-Pt 双金属异质结构的种类和制备方法**

异质结构种类	示 意 图	制备方法及参考文献
Pd-Pt 枝状结构		置换反应[78] 晶种法[79,80]
Pd@Pt 核壳结构		晶种法[81-83] 多次还原[84]
单层原子膜		包含欠电位沉积和置换 反应的方法[85,86]

Pd-Pt 双金属枝状结构一般是以 Pd 为核,通过异质形核在其表面形成 Pt 纳米枝状结构。这种以 Pd 核为支撑的 Pt 枝具有很大的比表面积,因此具有很好的催化性能。这种枝状结构的制备一般是以 Pd 纳米晶为晶种,用较强还原剂如抗

坏血酸等快速还原 Pt 前躯体，使大量 Pt 原子在 Pd 晶种表面进行异质形核并进一步生长，从而形成 Pd-Pt 枝状结构。Peng 等人[80]采用晶种法成功制备了 Pd-Pt 枝状结构，如图 1-24（a）~（e）所示。产物 Pd-Pt 枝状结构比市售 Pt/C 催化剂具有更高的 ORR 催化活性和更稳定的性能，如图 1-24（f）~（g）所示。

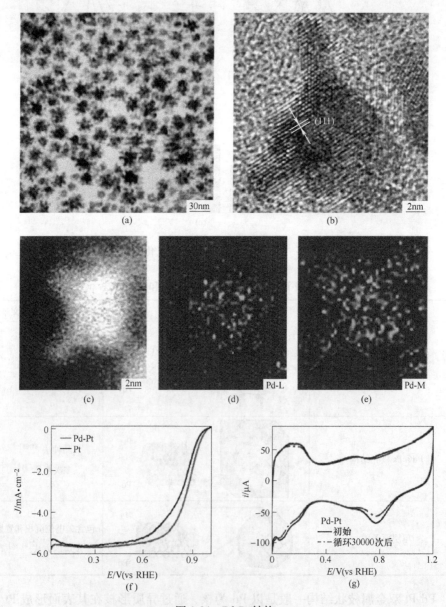

图 1-24　Pd-Pt 结构

(a)，(b) Pd-Pt 枝状结构的 TEM 和 HRTEM；(c)~(e) Pd 和 Pt 在枝状结构中的元素分布；
(f) ORR 极化曲线；(g) Pd-Pt 枝状结构循环 30000 次前后的 CV 对比

Pd@Pt 核壳结构一般指 Pd 核完全被 Pt 壳所覆盖的结构,在这种结构中电催化性能完全取决于表面壳层的 Pt。与相同体积的纯铂相比较,Pd@Pt 核壳结构在减少成本的同时也保证了催化性能。当壳层的 Pt 仅仅有几个原子层的厚度时,Pt 壳与 Pd 核之间的电子耦合会增强整体核壳结构的催化性能。目前核壳结构的制备主要是采用晶种法外延长,Pd@Pt 核壳结构的最终形状完全由作为晶种的 Pd 纳米晶体的形貌来决定[77]。图 1-25 为采用不同形貌的 Pd 纳米晶体为晶种,PVP 为保护剂,柠檬酸为弱还原剂,在 Pd 晶种表面通过外延生长得到的Pd@Pt 核壳结构。

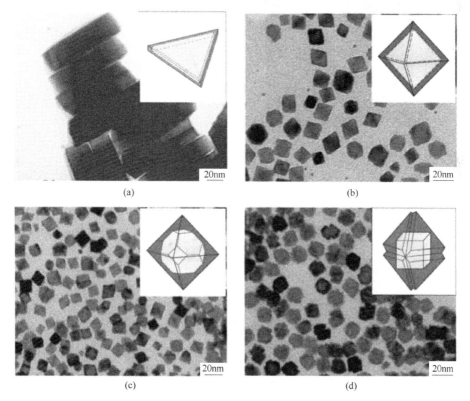

图 1-25 在不同形状 Pd 晶种表面外延生长得到的 Pd@Pt 核壳结构
(a) 盘状结构晶种的 TEM 照片;(b) 八面体晶种的 TEM 照片;
(c) 截角八面体晶种的 TEM 照片;(d) 立方体晶种的 TEM 照片

单层原子膜异质结构是一种当表面 Pt 原子仅仅形成一层单原子膜的特殊的Pd@Pt 核壳结构。这样的单层原子膜的制备一般是先采用欠电位沉积在 Pd 上沉积 Cu 单层原子膜,然后利用 Pt 盐与 Cu 之间的置换反应,在 Pd 表面得到 Pt 的单层原子膜[85,86]。如图 1-26 所示,图 1-26(a)为单层 Pt 原子膜的制备过程,包

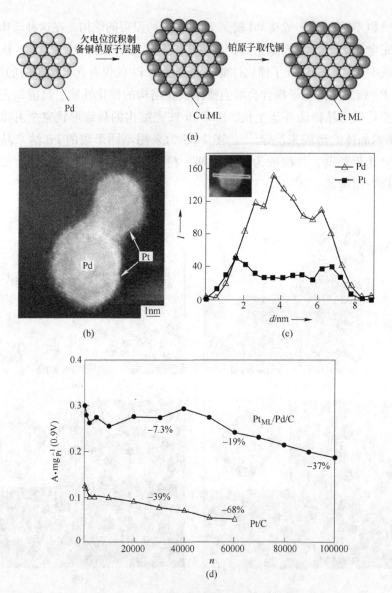

图 1-26 Pt 原子制备过程及 Pd@Pt 结构

(a) 单层 Pt 原子膜的制备过程；(b) Pd@Pt 核壳结构的透射照片；(c) Pd@Pt 核壳结构的线扫能谱图；(d) 两种催化剂在 0.9V 时的 ORR 质量电流密度随循环次数的变化

含两个关键步骤，分别为电化学沉积和置换反应。图 1-26(c) 中的线扫能谱图进一步证实了在 Pd 晶体表面生成了 Pt 单层原子膜。图 1-26(d) 中，经过 10 万个加速循环测试后，Pt_{ML}/Pd/C 的质量电流密度下降为 37%，而市售 Pt/C 则下降为 68%。在这种结构中所有铂原子都被暴露在表面，使其具有最大的单位质量电催化活性,同时每一个铂原子必须与相近的钯原子进行电子耦合从而极大地增强其电催化性能。

1.4 铂及铂基合金纳米材料制备研究

铂及铂基合金作为重要的燃料电池催化剂,为了得到具有高催化性能的催化剂,研究者们进行了大量研究开发工作,许多方法如:溶剂热还原[73,87,88]、H_2或CO气体还原法[89,90]、电化学法[40]、光致辐照法[91]、热分解法[92,93]等被用来制备具有优异催化性能的铂及铂基合金。这些方法大多都是在水相或者油相里,并且需要使用表面活性剂或结构导向剂(聚乙烯吡咯烷酮、十六烷基三甲基溴化铵、十六烷基三甲基氯化铵、油胺、油酸等)作为稳定剂来防止纳米颗粒的团聚[34,61,79,94]。

有机溶剂和表面活性剂的使用不可避免地带来了几个缺点。首先,多种物质的引入使反应体系变得很复杂,影响产物的因素增多,如模板的制备、表面活性剂的种类和浓度、溶剂量、温度以及气氛等,这些都会制约其商业化生产;其次,高毒性和易挥发性的有机溶剂的使用会对环境造成极大的污染;另一个缺点是有机的表面活性剂或结构导向剂会牢牢地吸附在催化剂的表面,很难完全去除掉,使用时需要先对催化剂进行加热、化学或激光处理,但这些前处理也很难将吸附在催化剂表面的有机物完全去除掉,从而会影响到纳米颗粒的催化性能[61,95,96]。目前一种可以取代高毒性和易挥发性的有机溶剂的离子液体受到了研究者的重视[97]。本节主要概述离子液体中纳米材料的制备。

1.4.1 离子液体

离子液体是指仅由阴阳离子组成的液体盐,其熔点一般低于100℃或者150℃[98-100]。1914年,Walden等人通过用浓硝酸来中和乙胺制备了最早的离子液体—硝酸乙基铵,其熔点为13~14℃[98]。1992年,Wilkes等人制备了能稳定存在于水和空气中的离子液体,这种离子液体的阳离子为有机的,阴离子可以是无机或有机的离子[98],至此离子液体才被用来制备过渡金属催化剂[97]。离子液体根据所含阳离子种类可以分为有机离子液和无机离子液。

1.4.2 有机离子液法制备纳米材料

有机离子液具有很多优异的性质,如低熔点、宽液程、极低的蒸气压、不宜挥发。

耐燃性以及很高的化学和热稳定性等使有机离子液很有希望成为代替传统挥发性有机溶剂的绿色溶剂[65,100-102]。许多有机离子液如阳离子为咪唑鎓盐基的硼酸盐，如：1-丁基-3甲基咪唑四氟硼酸盐、[BMIM][BF$_4$][103,104]；六氟磷酸盐：1-丁基-3甲基咪唑六氟磷酸盐、[BMIM][PF$_6$][103,105]；硫酰胺盐：1-丁基-3甲基咪唑二（三氟甲基）硫酰胺、[BMIM][Tf$_2$N][65,106]；硫酸二甲酯盐：1-丁基-3甲基咪唑硫酸二甲酯盐、[BMIM][MeSO$_4$][107]等，已经被用于制备贵金属和各种半导体纳米材料。图1-27为咪唑鎓盐基硼酸盐和咪唑鎓盐基硫酰胺盐的分子式。

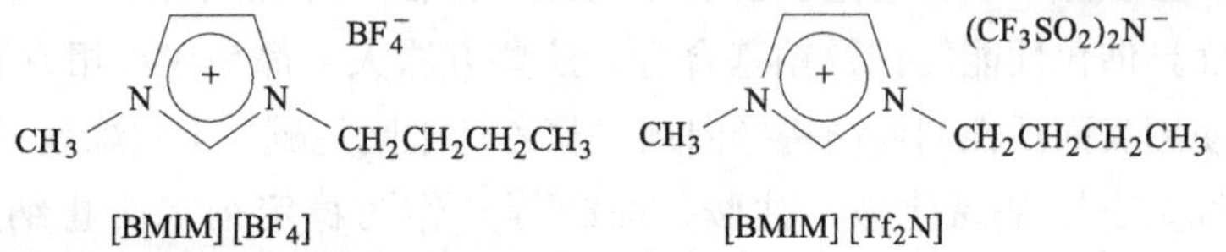

[BMIM][BF$_4$]　　　　　　[BMIM][Tf$_2$N]
1-丁基-3甲基咪唑四氟硼酸盐　　1-丁基-3甲基咪唑二(三氟甲基)硫酰胺

图1-27　咪唑鎓盐基硼酸盐和咪唑鎓盐基硫酰胺盐的分子式

Yang等人在1-丁基-3甲基咪唑二（三氟甲基）硫酰胺有机离子液中分别使用油酸和CTAB做结构导向剂制备了铂[106]及铂钴合金纳米棒[65]，如图1-28所示。其课题组还通过实验证明了这种有机离子液体可以回收重复使用[108]，图1-29为经过多次循环使用回收的有机离子液1-丁基-3甲基咪唑二（三氟甲基）硫酰胺的照片，经过多次循环使用后，有机离子液的颜色虽然加深了，但不会影响最终产物的形貌。

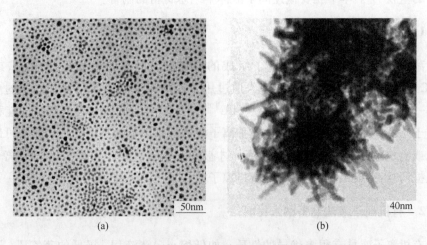

图1-28　采用有机离子液法制备的铂及铂钴合金纳米棒
(a) 铂的TEM照片；(b) 铂钴合金纳米棒的TEM照片

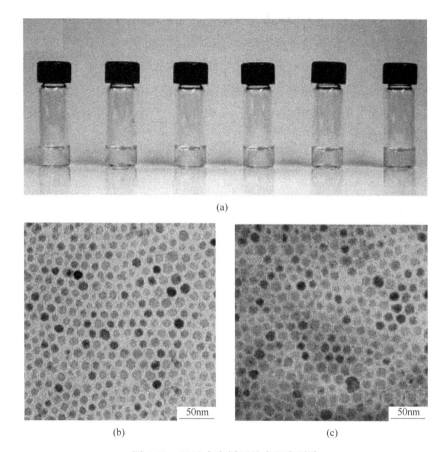

图 1-29 经过多次循环的有机离子液

(a) 经过多次循环使用回收的有机离子液（从左往右依次为新制备、一次回收、二次回收、三次回收、四次回收以及五次回收）；

(b),(c) 分别采用新制备和第二次回收的有机离子液为溶剂制备的氧化铁纳米离子的 TEM 照片

相比于那些易挥发的有机溶剂，有机离子液体虽然具有很多优异特性，但它们自身存在很多缺点。首先离子液体需要人工合成，合成过程较复杂，而且在合成和回收有机离子液体时往往也需要用到大量的挥发性有机溶剂，间接对环境造成了污染[108,109]。另外，有机离子液体的生物毒性，以及使用过的有机离子液体的处理等问题逐渐受到人们的关注，有机离子液体是否为真正的绿色溶剂受到研究者的质疑[99]。

1.4.3 无机离子液法制备纳米材料

无机离子液的阴阳离子均由无机离子组成，如多金属氧酸盐[110]

$Na_{13}-[Ln(TiW_{11}O_{39})_2] \cdot xH_2O$、$Na_5[MTiW_{11}O_{39}] \cdot xH_2O$、$Na_6[MTiW_{11}O_{39}] \cdot xH_2O$（M 指过渡金属）及过冷混合熔盐 $[Ca(NO_3)_2]_{0.4}(KNO_3)_{0.6}$ [111] 都是无机离子液体。无机离子液体同有机离子液体一样，具有优异的特性，如低熔点、宽液程、极低的蒸气压、不宜挥发、耐燃性及很高的化学和热稳定。此外与有机离子液体相比较，无机离子液体制备容易、成本较低、生物毒性很小，更有希望被用作绿色的反应溶剂。

许多按照一定比例混合的盐会在远低于相应单组分盐熔点的温度下融化为液体，这种混合体系成为具有最低共熔点的无机混合熔融盐，如 KOH-NaOH 和 KNO_3-$LiNO_3$ 混合熔盐。图 1-30 为这两种具有最低共熔点混合熔融的相图，KOH-NaOH 在最低共熔点组分时熔点降到 170℃，KNO_3-$LiNO_3$ 在最低共熔点组分时熔点降到 125℃，按照最低共熔点对应组分配制的混合熔盐在较低温度下就

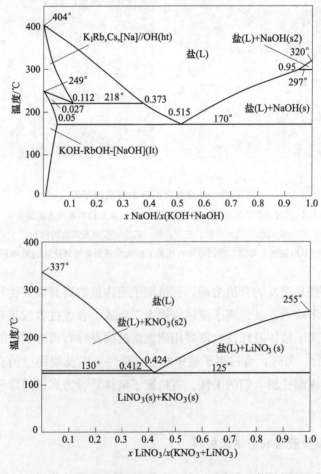

图 1-30　KOH-NaOH 和 KNO_3-$LiNO_3$ 混合熔盐体系相图

可以变为液体，而且体系里完全由无机的阴阳离子组成，性质与上述的无机离子液很类似，所以混合熔融盐在液态下可以看作是无机离子液体[112,113]。

Hu 和 Liu 等人使用 KOH-NaOH 混合无机离子液体系制备了氧化物、氢氧化物、硫化物等纳米晶体[114-119]，并且在制备过程中没有使用任何有机表面活性剂，这种混合熔盐组成的无机离子液体很有希望被用在非有机体系纳米材料的制备中。图 1-31 为 KOH-NaOH 混合无机离子液体系中制备的各种金属氧化物、硫化物及金属单质。

图 1-31　KOH-NaOH 混合无机离子液体系中制备的各种金属氧化物、硫化物及金属的 SEM 照片

(a) Cu_2O 纳米线；(b) Bi_2O_3 纳米带；(c) BaO 纳米线；(d) Cu_2S 纳米带；
(e) Cu_2S 纳米片；(f) CdS 纳米线；(g) Cu 纳米线；(h) Sn 纳米立方体

本节首次采用 KOH-NaOH 和 KNO_3-$LiNO_3$ 混合无机离子液制备了多种形貌的

铂及铂基合金纳米材料[31,41,120]，由于制备完全在无机环境中，同时也没用使用任何有机表面活性剂，从而使制备的纳米粒子表面非常洁净，晶面完全裸露，能发挥其最大的催化性能。

1.5 铜银核壳纳米材料在二氧化碳电催化还原领域的应用

当前人类生活和生产的能源利用仍然主要依赖于传统的化石能源，导致大气中 CO_2 浓度持续增加，加重了全球变暖和气候变化的危害[121]。2021 年，我国的年 CO_2 排放总量已达 103 亿吨，占全球 CO_2 排放的 27.2%。为了应对 CO_2 引起的气候变化，2020 年习近平总书记在联合国大会宣布中国二氧化碳排放力争于 2030 年前达到峰值，2060 年前实现碳中和。为了降低自然界中 CO_2 的含量，保护人类赖以生存的地球生态环境，人们必须对 CO_2 采取有效的控制措施，直接将 CO_2 转化为有价值的化学产品是应对温室气体 CO_2 排放挑战的最佳解决途径[122,123]。

1.5.1 CO_2 电催化还原反应

由于 CO_2 是碳的完全氧化产物，所以它是热力学非常稳定的分子，即使采用昂贵的催化剂（如铂等）和强还原剂（如氢气等）热还原也需要较苛刻的反应条件[124]。电化学催化还原法作为一种高效的 CO_2 处理技术，可以将 CO_2 电催化还原为 CO、CH_4、CH_3OH、HCOOH 和 C_2H_5OH 等有价值产物，因其生产过程清洁，装置简单可控，转化效率较高，可大规模生产等优点，已得到人们广泛的关注和研究[125]。然而，电化学催化还原 CO_2 过程中存在较大的 CO_2 还原过电位和不可避免的析氢反应（hydrogen evolution reaction，HER）的竞争，所以当前制约 CO_2 电催化还原技术发展及应用的关键是如何实现低成本、高选择性、高法拉第电流效率（faradaic efficiency，FE）的 CO_2 电催化还原催化剂的开发与利用[126,127]。

1.5.2 银及其合金纳米结构的二氧化碳电还原催化性能

贵金属（如 Au 和 Ag）是目前常用的 CO_2 电催化还原反应催化剂，这是因为其在电催化反应条件下具有高导电性和稳定性而具有最佳 CO_2 电催化还原性能。但 Au 和 Ag 做催化剂成本较高，且催化产物通常以 CO 为主[127]（见图 1-32），在应用中往往需要加上 H_2 通过费-托合成反应来制备烷烃类、醇类、酸类物质,因此 Au 和 Ag 做催化剂不能直接形成所需产物[127-131]。

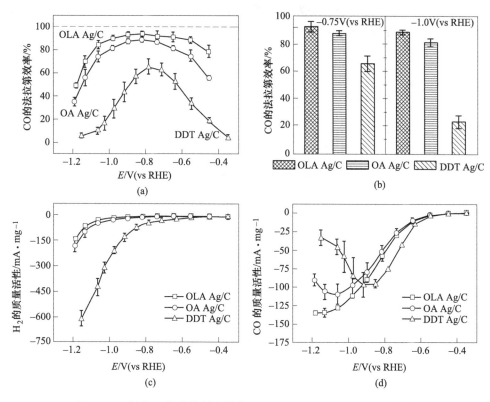

图 1-32 采用 Ag 作催化剂电催化还原 CO_2 的生成 CO 的法拉第效率

(a) 随电压的变化曲线; (b) 固定电压为-0.75 和-1.0V (vs RHE) 的柱状图;
(c) 生成 H_2; (d) 生成 CO 的质量活性

非贵金属如 $Cu^{[132]}$、$Sn^{[133]}$、$Ni^{[134]}$ 和 $Zn^{[135]}$ 在 CO_2 电催化还原反应中也显示出了较好的特性,尤其是 Cu 做催化剂可以电催化还原 CO_2 产生 HCOOH、CH_3OH 和 C_2H_5OH 等利用价值较高的产物(见图 1-33),但这些非贵金属催化剂存在易氧化,很难控制表面结构和组成,性能不稳定等缺点[136]。解决以上问题的潜在方案是结合贵金属的高导电性和非贵金属的高选择性,设计具有核壳结构的双金属材料。为了保持催化剂表面的高稳定性和强导电性,表面壳层由贵金属包覆,核层材料则由高选择性的非贵金属承担。贵金属元素 Ag 和非贵金属元素 Cu 组成的双金属材料由于具有相对低的成本、高稳定性、多碳产物选择性高等优点,成为最有潜力的二氧化碳电还原催化剂[137-141]。

目前,研究较多的是采用电沉积和置换反应制备的铜银合金(CuAg)[142-145](见图 1-34),或核壳结构铜银(Cu@Ag,CuAg@Cu)[141,146,147]催化剂（见图1-35）。由于纳米尺寸的铜催化剂表面极容易被氧化为氧化亚铜或氧化铜、铜与银离子之间极容易发生置换反应，铜核银壳的核壳结构（Cu@Ag）双金属纳米粒子较难通过化学法在液相中获得。

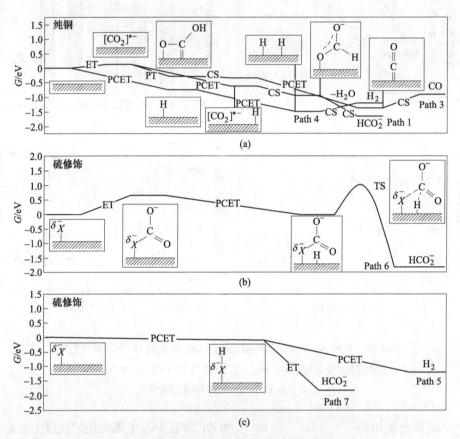

图1-33 采用纯铜和硫修饰的铜作催化剂电催化还原CO_2生成不同产物的途径的吉布斯自由能图

此外，纳米颗粒的尺寸大小会极大地影响催化剂的CO_2电催化还原活性，Reske等人[148-149]研究了Cu纳米颗粒尺寸大小（2~15nm）对其CO_2电催化还原性能的影响，随着Cu纳米颗粒尺寸的减小，尤其是当低于5nm时其催化活性和对H_2和CO的选择性显著增加[148]，如图1-36所示。因此，如何制备一种具有可调节铜核大小和银壳层厚度的Cu@Ag核壳双金属纳米粒子催化剂，对于提高二氧化碳电催化还原能力以及多碳产物的可调节催化选择性具有重要研究意义[150]。

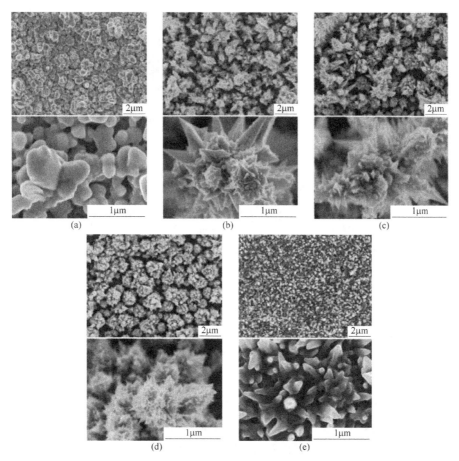

图 1-34 采用电化学沉积方法制备的 Ag、AgCu 合金及 Cu 纳米材料

(a) Ag_{100}; (b) $Ag_{84}Cu_{16}$; (c) $Ag_{75}Cu_{25}$; (d) $Ag_{57}Cu_{43}$; (e) Cu_{100}

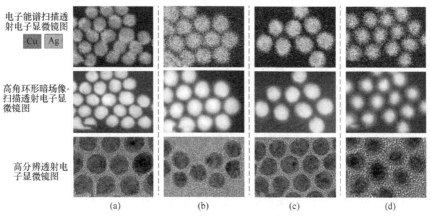

图 1-35 Cu-Ag 双金属纳米颗粒的 STEM-EDS、STEM-HAADF 和 HRTEM 照片

(a) Cu/Ag; (b) Cu@Ag; (c) $Cu/Cu_2O/Ag$; (d) $Ag@Cu_2O$

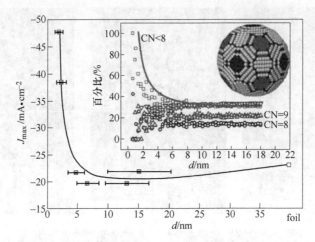

图 1-36　Cu 纳米颗粒尺寸大小对其 CO_2 电催化还原性能的影响

鉴于此，本书介绍了一种在油胺体系中通过控制铜核大小及银壳生长的两步法，成功实现了尺寸可调节的 Cu@Ag 核壳双金属球状纳米粒子的制备[151]。

1.6　主要内容

铂及铂基合金纳米材料具有优异的电催化性能，广泛用作燃料电池阳极氧化和阴极氧气还原反应的催化剂。催化剂的性能与其结构、组成、形貌、表面原子分布、尺寸等密切相关，制备出具有合适尺寸、特定形貌以及优异催化性能的铂及铂基合金可以极大地降低燃料电池的成本，推动燃料电池的普及应用。目前，对于铂及铂基合金纳米材料的制备大多是在水相或者油相里，加入表面活性剂或结构导向剂来阻止纳米颗粒团聚并引导纳米晶体的生长。但是有机溶剂和有机保护剂的使用存在很多问题，大多数高毒性和易挥发性的有机溶剂会对环境和人体健康产生严重危害；并且，吸附在催化剂粒子表面的有机保护剂分子不易被去除，这些杂质会对催化剂表面活性造成不良影响；此外，有机溶剂和有机保护剂的高价格和不可循环性，不利于催化剂的规模化生产和商业化应用。目前，虽然在有机离子液体中进行贵金属纳米材料催化剂的制备可以很大程度上降低对环境的影响，但是有机离子液体的合成过程复杂、价格高，以及合成过程中同样需要用到易挥发性有机溶剂等，这些缺陷也极大地制约了催化剂的商业化生产。此外，有机离子液体的生物毒性也已经受到越来越多的关注，所以开发一种不使用挥发性有毒的有机溶剂和难清洗的有机保护剂的、简单的、方便的、绿色环保的制备方法意义重大。

电化学还原 CO_2 处理技术是 CO_2 转化再利用的有效途径,当前制约其发展及应用的瓶颈是低成本、高选择性、高效率的电还原催化剂的开发与利用。Cu@Ag核壳双金属纳米粒子结合了 Cu 和 Ag 催化剂的活性和选择性,对其进行详细研究在 CO_2 处理和再利用领域具有重要的实际应用前景。

本书以探索铂及铂基合金纳米材料的制备方法以及铜银核壳结构制备方法为目的,进一步研究了产物在清洁能源甲醇、甲酸电催化氧化,氧气电催化还原和二氧化碳电催化还原方面的应用。主要开展了以下几方面的工作。

(1) 利用新鲜制备和多次重复使用回收的 KNO_3-$LiNO_3$ 无机离子液实现了铂凹面结构纳米粒子的绿色大批量制备。采用 SEM、TEM、EDX 和 XRD 对新鲜和重复使用的无机离子液中制备的铂纳米粒子进行对比,使用 FT-IR、TGA、DSC 和 XRD 对新鲜制备和重复使用的无机离子液进行了分析。研究了反应体系放大和无机离子液多次重复使用对产物形貌的影响,验证无机离子液作为一种低成本、绿色环保的贵金属纳米粒子可控合成新体系的可行性。

(2) 在 KOH-NaOH 无机离子液体系中制备了铂纳米片、铂纳米花和铂钯合金纳米片。反应中未使用表面活性剂和还原剂,利用强碱促进铂前驱体的热分解还原铂,采用 SEM、TEM、EDX 和 XRD 对样品形貌、结构及成分进行分析,探讨了二维铂纳米片的形成机理,并进一步研究了产物的 ORR 以及甲醇电化学催化性能。

(3) 在 KNO_3-$LiNO_3$ 无机离子液体系中制备了凹面结构的铂、铂钯和 Pt_xCu_y 纳米粒子及 Pt_xAg_y 合金纳米管。反应中通过加入少量的 KOH 来促进前驱体的热分解,采用 SEM、TEM、EDX 和 XRD 对产物形貌、结构及成分进行分析,探讨了铂和铂铜纳米粒子的凹面结构和 Pt_xAg_y 纳米管的形成机理,对铂凹面结构的高指数面进行了标定,并对铂凹面结构的抗 CO 毒化能力、凹面结构的 Pt_xCu_y 纳米粒子,以及 Pt_xAg_y 纳米粒子甲醇和甲酸电化学催化氧化性能进行了研究,并对碱性介质中 PtAg 合金中 Ag 对催化反应的促进作用进行探讨。

(4) 对贵金属纳米粒子在两种无机离子液 KOH-NaOH 和 KNO_3-$LiNO_3$ 中的生长机制,以及各实验参数对纳米粒子生长的影响规律进行了分析研究,提出了离子壳层保护机制。通过对制备过程中前驱体浓度、碱性强弱和反应温度等对纳米粒子的前驱体还原速度、形核速率和晶体生长过程的影响规律的研究,对实验参数进行调节,从而实现对晶体形核和生长过程的热力学和动力学控制。

(5) 利用液相化学共还原法制备了不同组成的金-银二元合金纳米胶体,然后以二元合金 Ag_4Au 为前驱体,利用银和铂离子之间的置换反应制备了一系列铂含量不同的铂-银-金三元合金纳米胶体,实现了均相三元合金的制备。

（6）制备不同尺寸的 Cu@Ag 核壳双金属球状纳米粒子，并研究其尺寸和组成对 CO_2 电化学还原催化作用的影响。采用控制铜核大小及银壳厚度生长的两步法，在油胺体系中制备铜核大小尺寸和银壳厚度可调节的 Cu@Ag 核壳双金属纳米粒子；通过对制备过程参数的研究，探明 Cu@Ag 核壳纳米粒子的生长机制，实现 Cu@Ag 双金属催化剂的可控制备；进一步考察 Cu@Ag 核壳双金属纳米粒子尺寸与银壳厚度与 CO_2 电还原催化活性的关系，揭示 Cu@Ag 纳米粒子结构与性能之间的内在联系。

2 贵金属纳米材料的绿色制备

2.1 概 述

环境污染和能源短缺是当前世界经济发展的重要瓶颈，贵金属纳米材料催化剂在新能源、环境保护等领域的广泛应用为低能耗、低污染、可持续的绿色能源供给模式提供了重要保障。因此，开发简单高效、低成本、对环境无污染、绿色的合成途径是目前贵金属纳米材料工业化可控合成领域需要解决的关键课题之一。

传统的制备贵金属纳米材料的途径一般是在有机溶剂、水或油水混合体系中通过添加有机的表面活性剂或结构导向剂等对晶粒的形核、生长过程进行控制得以实现。但是在这些"传统"体系中，大多数有机溶剂、有机保护剂及其蒸气都会对环境及人体健康造成潜在的危害。而且，吸附在催化剂颗粒表面的有机保护剂和溶剂不容易被去除掉，这些杂质的存在会极大地降低催化剂的活性。另外，有机溶剂和有机保护剂价格高、不可循环使用等缺点大幅增加了催化剂的制备成本，极大限制了催化剂的规模化生产和商业化应用。

目前，虽然在有机离子液体中进行贵金属纳米材料合成可以在很大程度上降低对环境和健康的影响，但是它们自身存在许多缺点（如合成过程复杂、价格高及在合成和回收有机离子液体时要用到大量挥发性有机溶剂），间接对环境造成污染。此外，有机离子液体的生物毒性以及使用过的有机离子液体的处理问题也逐渐受到人们的关注。因此，探索一种不使用有机溶剂、有机保护剂的贵金属纳米材料合成新体系对实现高性能贵金属基纳米材料催化剂的低成本、绿色合成及其商业化应用具有重要意义。

本书使用 KOH-NaOH 和 KNO_3-$LiNO_3$ 无机离子液成功制备了多种形貌的铂及铂基合金纳米材料，而且制备完全在无机环境中，没有使用任何有机表面活性剂，从而使制备的纳米粒子表面非常洁净，晶面完全裸露，能发挥其最大的催化性能。这一合成新体系的优势在于低温熔盐液相温度范围宽、不易挥发、无毒、对环境无污染、原料来源广泛、成本更低且无需复杂的化学合成过程。

本章利用新鲜制备和多次重复使用回收的 KNO_3-$LiNO_3$ 无机离子液大批量制备铂凹面结构纳米粒子，通过对新鲜和重复使用的无机离子液中制备的铂纳米粒子进行对比，研究无机离子液的循环使用对产物形貌的影响。通过分析新鲜制备和重复使用的无机离子液，研究循环使用对无机离子液本身的影响，检验其稳定性。从而验证无机离子液作为一种低成本、绿色环保的贵金属纳米粒子可控合成新体系的可行性。

2.2 实验部分

2.2.1 试剂及仪器

实验中所用的主要试剂见表 2-1，所用的主要仪器见表 2-2。

表 2-1 实验所用主要试剂

试剂名称	化学式	规格	生产厂家
硝酸钾	KNO_3	分析纯 99.0%	天津市红星化学试剂厂
硝酸锂	$LiNO_3$	化学纯 98.0%	阿拉丁试剂有限公司
草酸四氨合铂	$[Pt(NH_3)_4]C_2O_4$	分析纯	阿拉丁试剂有限公司
氢氧化钾	KOH	分析纯	天津市红岩化学试剂厂
蒸馏水	H_2O	自制	自制

表 2-2 试验所用主要仪器

仪器名称	型号	生产厂家
自动双重纯水蒸馏器	SZ-93	上海亚荣生化仪器厂
真空抽滤泵	SHB-3 型	郑州长城科工贸有限公司
电热鼓风干燥箱	101 型	北京市永光明医疗仪器厂
X 射线衍射仪	D8-ADVANCE	德国布鲁克 AXS 公司
扫描电子显微镜	JSM-7000F	日本电子株式会社
离心机	TG16-WS	长沙湘仪离心机仪器有限公司
红外光谱仪	AUATAR360 FT-IR	美国热电尼高力公司
热重差热分析仪	Netzsch STA449C	德国耐驰

2.2.2 实验方法

2.2.2.1 凹坑 Pt 纳米粒子的大批量制备

为了验证在无机离子液体系中可以实现铂纳米粒子的大批量制备，将反应体系扩大了十倍,将66g的KNO_3与34g的$LiNO_3$混合均匀,加到50mL的三颈烧瓶中,搅拌下缓慢加热到180℃熔化。将0.176g的$Pt(NH_3)_4C_2O_4$加到熔化好的无机离子液中,磁力搅拌5min后,然后将0.224g KOH加入,180℃反应1h。移去热源待体系冷却后加入适量蒸馏水,磁力搅拌溶解固体盐,离心分离得固体产物,将离心分离的上层液体收集起来以备回收混合盐重复使用。

2.2.2.2 无机离子液的回收

在每次制备反应后,将离心分离的上层溶解有KNO_3-$LiNO_3$的溶液收集于烧杯中,加热到沸腾,残留的铂纳米晶体会团聚在一起形成黑色沉淀,趁热过滤。收集滤液重新加热沸腾,使溶剂水蒸发,得到饱和溶液。冷却后析出固体混合盐,即第一次回收的盐,将回收的盐在烘箱中100℃干燥12h备用。采用相同的程序可以分别得到第2~4次回收以及多次循环使用后回收的盐。循环回收的盐可以不经过任何多余的处理而直接用来制备凹面结构的铂纳米粒子。

2.2.2.3 表征方法

采用SEM和XRD来表征所制备的纳米粒子,用XRD、TGA、DTA和IR来表征新鲜的和多次循环使用的固体混合盐。

2.3 结果讨论

2.3.1 大批量制备的凹面结构Pt纳米粒子表征结果

为了实现在无机离子液中凹面结构铂纳米粒子的大批量制备,将第4章中对凹面结构铂纳米粒子的制备体系放大10倍,一次反应就可以得到0.2g的产物,产率高达99%,如图2-1(a)中插图所示。利用新鲜和第四次回收的无机离子液分别制备了凹面结构Pt纳米粒子,从图2-1的SEM照片可以看出,利用回收无机离子液制备的纳米粒子尺寸和形貌与新鲜无机离子液中得到的产物相同,并且反应体系的扩大同样不会影响产物尺寸和形貌。图2-2(a)为在新鲜的和第四次回收的无机离子液中制备的Pt纳米粒子的XRD图谱,5个衍射峰分别与面心立方结构铂的(111)、(200)、(220)、(311)和(222)相对应,比较两种产物没有发现明显的峰位移。第四次回收的无机离子液中制备的产物的EDX分析结果表明除了基底的Si和C以外,产物中只有铂的信号检出如图2-2(b)所示。XRD和EDX结果表明在新鲜的和第四次回收的无机离子液中制备的Pt纳米粒子具有相同的晶体结构和元素成分，说明无机离子液的循环使用和反应体系的放大对产物的尺寸、形貌、晶体结构及组成没有影响。

图 2-1　利用新鲜的无机离子液和第四次回收的无机离子液分别
制备的凹面结构 Pt 纳米粒子 SEM 照片

（a）新鲜的无机离子液中制备的 Pt 纳米粒子，插图为大批量制备的克级铂纳米粒子的照片；
（b）第四次回收的无机离子液中制备的铂纳米粒子

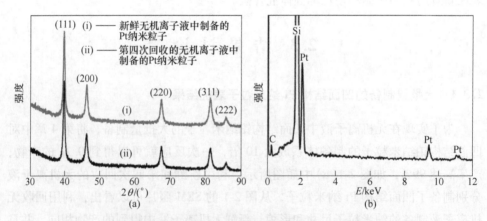

图 2-2　利用新鲜的无机离子液和第四次回收的无机离子液分别制备的
凹面结构 Pt 纳米粒子的 XRD 图谱（a）和 EDX 谱图（b）

2.3.2　回收无机离子液的表征

采用无机离子液体系来制备纳米粒子的最大优势是可以将使用过的盐回收循环使用，而不需要经过复杂的处理。为了系统地研究循环使用后盐的变化，检验其稳定性，对新鲜制备的和第四次回收的盐进行了 XRD、TGA、DSC 和 FT-IR 分析。从图 2-3 可以发现，经过重复使用回收的盐会由白色变为轻微的黄色，颜色的产生是由于微量杂质导致的。图 2-4 为新鲜制备的和第四次回收的盐的 XRD 图谱，可以看出两组 X 射线衍射花样在测量范围内除了衍射峰强度不同外，衍射峰位置基本相同。衍射峰的强度的改变可以归因于粉末的结晶性和晶粒尺寸，因为衍射峰强度和宽度受晶粒尺寸和晶格排列影响很大[152]。多次回收循环使用将会导致盐的结晶性能变差，从而第四次回收的盐的衍射峰强度大幅度降低，如图

图 2-3 KNO_3-$LiNO_3$ 混合盐照片

（a）新鲜制备；（b）第四次回收

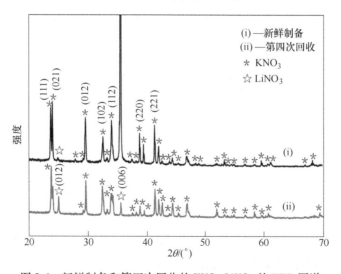

图 2-4 新鲜制备和第四次回收的 KNO_3-$LiNO_3$ 的 XRD 图谱

2-4 中（ii）。所有衍射峰都可以归属于 KNO_3 和 $LiNO_3$ 的不同晶面，没有观察到其他衍射峰的存在，表明样品为 KNO_3 和 $LiNO_3$ 的混合物，没有其他杂质如 Pt 或者有机物存在。

循环回收使用的盐的热性质采用 TGA 和 DSC 进行了分析，如图 2-5 所示。对于新鲜制备的和第四次回收的盐的 TGA 和 DSC 曲线没有明显的改变，在整个测量范围没有发现失重过程，这表明新鲜制备和第四次回收的盐具有非常好的热稳定性、化学稳定性、低蒸汽压，以及没有有机物杂质存在。两种混合盐吸热峰的起始温度均为 125℃，与最低共熔点温度相吻合，说明循环回收不会影响盐的热稳定性能。采用了 FT-IR 光谱来检测循环回收使用的盐的化学成分，结果如图 2-6 所示。由图可见，第四次回收的盐与新鲜制备的盐的红外谱图完全相同，$1400\sim1360cm^{-1}$ 和 $850\sim800cm^{-1}$ 的吸收峰分别归属为 NO_3^- 的对称和非对称的伸缩振动模式，$3400cm^{-1}$ 左右的吸收峰为吸附水的 OH 伸缩振动引起的。

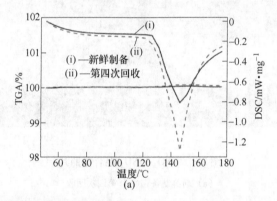

图 2-5　新鲜制备的和第四次回收的 KNO_3-$LiNO_3$ 混合盐的 TGA 和 DSC 曲线

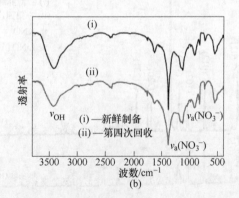

图 2-6　新鲜制备的和第四次回收的 KNO_3-$LiNO_3$ 混合盐的红外谱图

通过上面的表征结果可以得到以下结论：铂前驱体的热分解不会引起无机离

子液组成和性质的明显改变，可以不经过任何处理直接使用100%循环回收的混合盐来制备铂纳米粒子。

2.4 本章小结

本章利用新鲜制备和多次循环回收的 KNO_3-$LiNO_3$ 无机离子液实现了凹面结构铂纳米粒子大批量绿色制备，得出以下结论。

（1）将反应体系放大后，一次反应就可得到克级产物，并采用 SEM、TEM、EDX 和 XRD 对在新鲜制备和重复使用的无机离子液中制备的铂纳米粒子进行表征，结果表明反应体系的放大和无机离子液多次重复使用对产物尺寸、形貌、晶体结构及组成没有影响，说明该制备方法较稳定，可以实现大批量工业化生产。

（2）使用 XRD、TGA、DSC 和 FT-IR 对新鲜制备的和多次循环使用的无机离子液进行分析，结果表明铂前躯体的热分解不会对无机离子液组成和性质产生明显影响，可以不经过任何处理直接使用100%循环回收的混合盐制备铂纳米粒子。同时回收过程简便且成本低，表明无机离子液可以作为一种广泛使用、低成本、绿色环保的制备贵金属纳米材料的新体系。

3 KOH-NaOH 体系中铂、铂基合金制备及电催化性能研究

3.1 概 述

表面活性剂的引入会导致生成的纳米粒子表面被有机物所覆盖,使用时需要对催化剂进行前处理,但前处理过程并不能将吸附的有机物完全去除掉,从而影响催化剂的性能。虽然目前已经有许多不加表面活性剂的方法用来制备各种形貌的铂纳米结构,如铂纳米线[25,153]、铂多孔网状结构[154]、三维铂纳米花状结构[155]、铂纳米立方体[156]等。但是,利用这些方法很难得到二维片状或盘状的铂纳米材料。已报道的制备二维铂纳米片的方法一般都需要使用软模板或硬模板,例如,Song 等[34]采用双表面活性剂 CTAB 和全氟辛酸钠(FC7)主装成盘状的双层膜微胞做软模板,利用抗坏血酸还原氯铂酸钾制备了平均直径为(496±55)nm 的铂纳米轮状结构;Masayuki 等用石墨层为硬模板制备了铂纳米片,他们首先将氯铂酸与石墨在 723K 和 0.3MPa 氯气气氛中混合得到氯铂酸-石墨夹层化合物($PtCl_4$-GICs),然后在 573K 下用氢气还原 $PtCl_4$-GICs 夹层化合物得到了厚度为 2~3nm、尺寸在 5~300nm 的铂纳米片,这些纳米片含有很多六边形的孔[157,158]。

贵金属的乙酰丙酮化合物等有机金属化合物通常可以用作前躯体通过化学气相沉积在固体基体表面上制备厚度为 10~100nm 的贵金属薄膜(如铂、钯、铱和铑等),在化学气相沉积过程中有机金属化合物会在气-固相界面上外延生长形成贵金属薄膜[159]。这种互不相溶的两相之间产生的相界面(如气-液和油-水界面等),都可以用作基底来生长二维单层膜[160-162]。

本章利用金属有机物化学气相沉积(metal organic chemical vapor deposition, MOCVD)在气-液界面上制备了二维铂纳米片。这种方法非常简便,而且在制备过程中没有使用有机的表面活性剂和结构导向剂。实验中采用 KOH-NaOH 混合无机离子液为反应熔剂,这种按最低共熔点对应配比混合的无机体系在最低共熔点 170℃就会熔化为液体,它们本身具有的强碱性促使贵金属有机前躯体在较低的温度发生热分解,同时无机离子液的离子特性会使生成的纳米粒子稳定存在而

不发生团聚。改变贵金属有机前躯体种类可得到不同产物：当前躯体为乙酰丙酮铂时，产物为二维铂纳米片；当前躯体为草酸四氨合铂时，产物为纳米花状结构；当前躯体为乙酰丙酮铂和乙酰丙酮钯混合物时可得到铂钯合金纳米片。这些产物均可以不用经过任何前处理而直接用于电化学催化中，并且具有很高的 ORR 和甲醇电化学催化活性。

3.2 实验部分

3.2.1 试剂及仪器

实验中所用的主要试剂见表 3-1，所用的主要仪器见表 3-2。

表 3-1 实验所用主要试剂

试剂名称	化学式	规格	生产厂家
乙酰丙酮铂	$Pt(acac)_2$	分析纯	贵研铂业股份有限公司
乙酰丙酮钯	$Pd(acac)_2$	分析纯	贵研铂业股份有限公司
草酸四氨合铂	$[Pt(NH_3)_4]C_2O_4$	分析纯	阿拉丁试剂有限公司
氢氧化钠	NaOH	分析纯	天津市红岩化学试剂厂
氢氧化钾	KOH	分析纯	天津市红岩化学试剂厂
无水乙醇	CH_3CH_2OH	分析纯	天津富宇精细化工有限公司
甲醇	CH_3OH	色谱纯	阿拉丁试剂有限公司
多聚磷酸钠	STPP	分析纯	上海晶纯试剂有限公司
高氯酸	$HClO_4$	色谱纯 70.0%	天津鑫源化学试剂厂
硫酸	H_2SO_4	优级纯 98%	天津市风船化学试剂有限公司
异丙醇	$(CH_3)_2CHOH$	分析纯	天津富宇精细化工有限公司
全氟磺酸	Nafion	分析纯	阿拉丁试剂有限公司
铂碳催化剂	Pt/C	50%	TKK
去离子水	H_2O	Milliporeultra	自制

表 3-2 试验所用主要仪器

仪器名称	型号	生产厂家
自动双重纯水蒸馏器	SZ-93	上海亚荣生化仪器厂
超声波清洗机	ACQ-600E	陕西翔达超声技术工程部
电子天平	BS210S	北京赛多利斯天平有限公司
离心机	TG16-WS	长沙湘仪离心机仪器有限公司

续表 3-2

仪器名称	型号	生产厂家
X射线粉末衍射仪	D8-ADVANCE	德国布鲁克 AXS 公司
SEM 扫描电子显微镜	JSM-7000F	日本电子株式会社
TEM 透射电子显微镜	JEM-2100	日本电子株式会社
X射线能谱分析仪	INCA Energy	英国牛津公司
电热鼓风干燥箱	101型	北京市永光明医疗仪器厂
电化学工作站	Pine AFCBP1	美国 Pine 公司
铂网对电极	1cm×1cm	贵研铂业股份有限公司
Ag/AgCl 参比电极	3mol/L KCl	天津艾达科技发展有限公司
玻璃碳旋转圆盘电极	直径5mm	天津艾达科技发展有限公司
玻璃碳电极	直径5mm	天津艾达科技发展有限公司
聚四氟乙烯内衬	50mL	陕西华鑫科技有限公司

3.2.2 制备方法

3.2.2.1 Pt 纳米片的制备

将 4.12g KOH 与 5.44g NaOH 研磨混合均匀后加入聚四氟乙烯内衬里，180℃下加热熔化为无机离子液体，然后将 19.7mg 的乙酰丙酮铂加到 NaOH-KOH 混合无机离子液体中，磁力搅拌 2min 后，停止搅拌，然后将聚四氟乙烯内衬转移到烘箱里，200℃反应 5h 后，停止加热。这时无机离子液体表面平铺了一层黑色产物，冷却后加入蒸馏水，固体 NaOH-KOH 混合盐会很容易溶于水，通过离心分离和多次清洗将产物中残留的盐完全去除，干燥得到最终产物多孔状结构铂纳米片。

多孔结构的铂纳米片孔的尺寸和密度可以通过添加无机交联剂多聚磷酸钠来进行调节。当在无机离子液中先加入 29.6mg 多聚磷酸钠，然后再加入乙酰丙酮铂时，得到的产物是孔尺寸减小的多孔铂纳米片。进一步增加多聚磷酸钠用量为 49.3mg 时，得到的产物为无孔的铂纳米片。

3.2.2.2 Pt 纳米花的制备

将 4.12g KOH 与 5.44g NaOH 研磨混合均匀后加入聚四氟乙烯内衬里，使用盐浴 KNO_3-$LiNO_3$ 混合盐浴为加热热源，使 NaOH-KOH 混合盐在 180℃下完全熔化，保持搅拌速度为 1000r/min，180℃加入草酸四氨合铂 17.6mg，升温到 200℃，继续反应 3h 后，停止反应，冷却后，加入蒸馏水溶化固体盐，通过离心分离和多次的清洗，干燥得到铂纳米花状结构。

3.2.2.3 PtPd 合金纳米片的制备

将 4.12g KOH 与 5.44g NaOH 研磨混合均匀后加入聚四氟乙烯内衬里，180℃下加热熔化为无机离子液体，然后将 9.8mg 的乙酰丙酮铂与 7.6mg 的乙酰丙酮钯加到上述无机离子液体中，磁力搅拌 2min 后，停止搅拌，然后将聚四氟乙烯内衬转移到烘箱里，200℃反应 5h 后，停止加热，得到黑色产物，冷却后，加入蒸馏水溶化固体盐，通过离心分离和多次的清洗，干燥得到产物 PtPd 合金纳米片。

3.2.3 表征方法

3.2.3.1 扫描电子显微镜

取适量样品超声分散于水中，将分散好的样品滴在硅片上，采用 JEOL JSM-7000F 型扫描电镜对样品形貌进行观察。样品的元素组成分析是利用 SEM 上的 Oxford INCA 检测器进行能量散射 X 射线分析。

3.2.3.2 透射电子显微镜

取适量样品超声分散于水中，将分散好的样品滴在铜网上，待溶剂完全挥发后，采用 JEOL JEM-2100F 型透射电镜对样品进行透射（TEM）、高分辨透射（HRTEM）及选取电子衍射花样（SAED）观察。加速电压为 200kV。

3.2.3.3 X 射线衍射仪

采用 BRUKER D8 ADVANCE X-射线衍射仪对样品粉末进行物相定性分析，辐射源为 Cu K_α，波长 λ 为 1.5405Å，衍射角 2θ 为 20°~80°。

3.2.3.4 原子力显微镜

采用俄罗斯 NT-MDT 公司生产的 Prima 型原子力显微镜测试铂纳米片厚度，针尖力常数为 5.5~25.5N/m，共振频率为 219kHz，环境温度为 24.5℃，环境湿度为 22.6%。

3.2.4 电催化性能

3.2.4.1 电极制备

所制备催化剂的电催化性能测试在三电极体系电解池中进行。工作电极为玻碳旋转圆盘电极（Rotating disk electrode，RDE），电极直径为 5mm，电极面积为 $0.196cm^2$。对电极为 1cm×1cm 的铂网（纯度为 99.9%），参比电极为可逆氢电极（Reversible hydrogen electrode，RHE），测试中氢电极单独放置。电解液为 0.1mol/L 高氯酸，用去离子水稀释 70% 的高氯酸得到。将去离子水、异丙醇和 5% Nafion 溶液按照 80∶20∶0.5 的体积比混合均匀，取 2mg 铂纳米片催化剂超声分散到 20mL 混合溶液中。用移液枪取 20μL 分散好的样品滴在旋转圆盘电极上，氩气气氛下干燥，最终铂的负载量为 $10.2μg/cm^2$。

3.2.4.2 氧气还原反应催化性能

循环伏安曲线（Cyclic voltammetry，CV）是在室温下氩气饱和的 0.1mol/L 高氯酸溶液中测定，扫描电压范围 0.02~1.10V(vs RHE)，扫速 50mV/s，电化学活性表面积（electrochemical active surface area，ECSA）根据循环伏安曲线上的氢吸附峰确定。氧气还原反应（oxygen reduction reaction，ORR）是在 0.1mol/L 高氯酸溶液中测定，预先氧气吹扫 30min 后，然后保持持续通氧下测试，圆盘电极转数为 1600r/min，扫速 10mV/s。加速耐久性试验在氩气保护下的 0.1mol/L 高氯酸溶液中进行，铂纳米片和市售铂碳（TKK，50% Pt 负载量）催化剂滴加量均为金属总含量 2mg，电压 0.6~1.0V(vs RHE)，扫速 100mV/s，循环扫描 30000 次。

3.2.4.3 甲醇催化氧化

催化剂的甲醇电化学催化氧化性能在三电极体系电解池中进行，参比电极为 Ag/AgCl(3mol/L KCl)，对电极为 1cm×1cm 的铂网（纯度为 99.9%）。准确称量 1mg 样品，超声分散于 2mL 去离子水、异丙醇和 5% 的 Nafion 的混合溶液中，取 10μg(20μL) 样品滴到直径为 5mm 的玻碳电极上，氮气气氛下干燥，得到工作电极。循环伏安电化学测试在氮气除氧的 $0.5mol/L\ H_2SO_4$ 溶液中进行，扫描电压为 0.02~1.10V（vs RHE），扫速为 50mV/s。为了得到稳定的伏安曲线，一般需要进行 50 个循环的电化学前处理，这样可以起到电化学除杂和活化的作用。催化剂的甲醇电化学催化氧化性能在 $0.5mol/L\ H_2SO_4 + 0.5mol/L\ CH_3OH$ 电解质溶液中进行，以 50mV/s 的扫速在 0.05~1.2V（vs RHE）的电压范围内扫描至稳定。所有电化学测试均保持电解质溶液温度为 25℃。

3.3 结果讨论

3.3.1 Pt 纳米片表征结果

3.3.1.1 MOCVD 法制备 Pt 纳米空心球和纳米片过程

图 3-1 为利用金属有机物前躯体化学气相沉积法原位制备二维铂纳米片的过

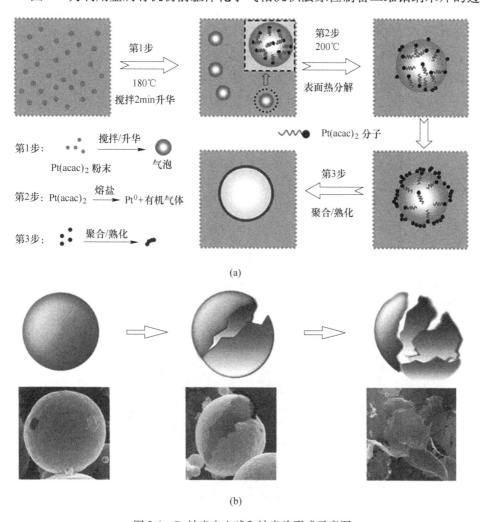

图 3-1 Pt 纳米空心球和纳米片形成示意图

程示意图。首先将有机的 Pt(acac)$_2$ 粉末在180℃下通过搅拌分散到 NaOH-KOH 混合无机离子液中，由于分子间极性差异较大，Pt(acac)$_2$ 不能溶解于无机溶剂中。在搅拌过程中 Pt(acac)$_2$ 粉末会较好地分散到混合无机离子液中，同时 Pt(acac)$_2$ 会发生部分升华形成气泡，如图3-1(a)中第1步所示。由于 NaOH-KOH 混合无机离子液具有很大的黏度，因此这些气泡不会快速漂浮起来，而是悬浮在体系中形成稳定的气泡。楼雄文等人[163]报道了这种存在于溶液中的气泡可以用作制备空心纳米结构的软模板，所以在 NaOH-KOH 无机离子液体系中的稳定存在的气泡也存在类似模板的作用。

当温度升高到200℃并停止搅拌时，Pt(acac)$_2$ 的热分解速度开始加速，如图3-1(a)中第2步所示。贵金属有机物前躯体一般都会在200℃以上的温度发生热分解[164,165]，而且强碱性的介质会促进前躯体的分解反应，放出 CO_2 和其他气体副产物。随着气-液界面附近铂原子浓度的增加，它们趋向于聚集并形成大量的核沉积在气-液界面上，这些先沉积下来的晶核可以进一步充当形核中心，在气-液界面形成许多金属壳层，在奥斯特瓦尔德熟化机制（Ostwald ripening, OR）的作用下金属壳层连接在一起形成铂壳层空心球，如图3-1(a)中第3步所示。反应过程中生成的气体不断积累到气泡内部，不断增大的气压最终会导致空心球破裂成为尺寸形貌不同的片状结构。所以在生成物中铂纳米片与少量空心球共存，铂纳米片为主要产物。

3.3.1.2 Pt 纳米片的 SEM、TEM、AFM、XRD 及 EDX 表征结果

图3-2为铂纳米片和铂纳米空心球的扫描照片及铂纳米片的原子力显微照片。从图中可以看出铂纳米片的面积可以达到几个平方微米(见图3-2(a))，片的厚度大约为10nm(见图3-2(a)中插图)，这与原子力显微镜测试的厚度值

(a)

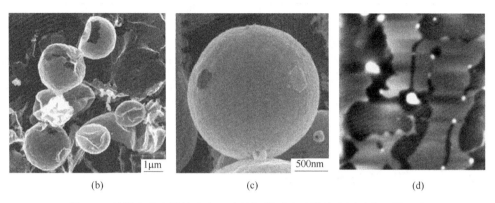

图 3-2 铂纳米片和铂纳米空心球的扫描照片及铂纳米原子力显微照片

(a) 铂纳米片的 SEM 照片,插图为铂纳米片的厚度 SEM 照片;
(b),(c) 铂纳米空心球的 SEM 照片;(d) 铂纳米片的原子力显微照片

8.9nm 吻合(见图 3-2(d))。铂纳米空心球的平均直径约 2μm(见图 3-2(b) 和(c)),部分破裂的球可以看到内部的空心结构。在最终产物中纳米片和空心球共存,部分纳米片仍保持球面状,说明铂纳米片是由空心球破裂生成的,如图 3-3 所示。

图 3-3 铂纳米片和纳米空心球共存的 SEM 照片

图 3-4 是铂纳米片和纳米空心球的 XRD 衍射图谱和 EDX 能谱图。图 3-4(a) 中 XRD 图谱的三个衍射峰分别对应于面心立方结构铂的(111),(200),以及(220)晶面的标准衍射峰(JCPDS 数据库,1999,PCPDFWIN version 2.02)。图 3-4(b)为样品 EDX 能谱图,可以看出除了基底的 Si 和 C 元素外,只有 Pt 的信号被检测到,无其他杂质峰出现,说明得到的产物为纯铂金属。

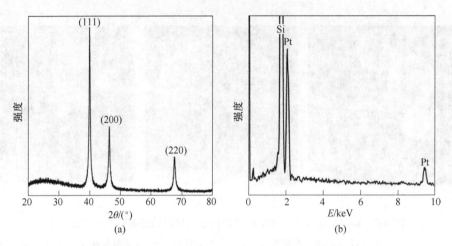

图 3-4　铂纳米片和纳米空心球的 XRD 衍射图谱(a)和 EDX 能谱图(b)

图 3-5 为产物的透射照片。由图 3-5(a)可见，铂纳米空心球和纳米片共存于产物，选区电子衍射花样中所有的衍射环分别对应于面心立方结构铂的(111)、(200)、(220)、(311)、(222)、(331)晶面，并且衍射花样呈环状说明所制备的铂纳米晶体是多晶结构。同时从图 3-5(b)中可看出，纳米片是多孔的，孔的尺寸为 2~20nm。进一步观察发现纳米片是由不同尺寸和形状的纳米晶粒组成(见图 3-5(c))，表明纳米晶体的形核和生长最初开始于大量不同尺寸的晶核。晶粒尺寸平均大小约 17nm，这与利用(111)晶面衍射峰半波宽(见图 3-4(a))通过 Debye-Scherrer 公式计算的数值 18nm 非常接近。由图 3-5(d)和(e)可以看出，相邻的晶粒间有很明显的晶界，这些晶粒可以是单晶(见图 3-5(d))，

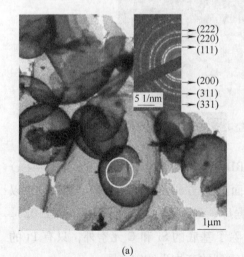

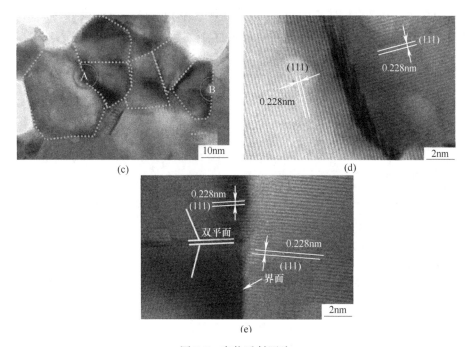

图 3-5 产物透射照片

(a) 铂纳米片和纳米空心球共存的 TEM 照片，插图为对应圆环区域的选区电子衍射花样；
(b) 纳米片多孔结构的 TEM 照片；(c) 放大的 TEM 照片；(d), (e) 两种晶界的 TEM 照片
（图 (d) 对应图 (c) 中的 A 区域，图 (e) 对应图 (c) 中的 B 区域）

也可以是孪晶（见图 3-5(e)）。相邻晶粒存在很多不同的晶格取向，其夹角为 0°~90°，表明晶体生长不是通过取向趋于一致的 OA 生长机制进行的[166]。相邻晶格线之间的晶面间距为 0.228nm，与面心立方结构的 Pt(111) 晶面对应。

3.3.1.3 温度对反应产物的影响

反应温度对铂纳米片的形成过程影响很大，如图 3-6(a) 所示，当反应温度保持在 180℃时产物是由大量不规则的碎片以及少量厚度为 66nm 左右的空心球组成。Pt(acac)$_2$ 在大于 170℃时开始分解放出气体，但是在温度低于 200℃时分解速度会非常缓慢[165]，导致当温度在此区间时成核速率很慢，晶核数目较少，同时低温下晶体生长的速率也较慢，导致最终在气-液界面形成的金属壳层变得很厚。当反应在 180℃保持 2min 后升温到 200℃时，分解速度和成核速度都快速增加，从而得到小尺寸的晶体，聚集在气泡表面形成壳层较薄的空心球，当空心球破裂时就会得到图 3-2(a) 中的铂纳米片。当将 Pt(acac)$_2$ 直接投加到 200℃的 NaOH-KOH 无机离子液中时，只有尺寸为几十到几百纳米的球形颗粒生成，如图

3-6(b)所示。在200℃时 Pt(acac)$_2$ 的热分解速度和气体生成速度同时加快,导致气泡很难形成和保持,最终体系中分散的晶核互相团聚在一起形成实心的球形纳米颗粒。

图 3-6 不同反应温度得到的产物
(a) 180℃时产物的 SEM 照片;(b) 200℃时产物的 SEM 照片

3.3.1.4 Pt 纳米片孔隙率的调控

通过前面的透射表征可知所得产物铂纳米片为多孔结构,实验发现多孔铂纳米片的孔密度和尺寸可以通过添加一定量的无机交联剂多聚磷酸钠(STPP)来调控,如图 3-7 所示。

从图 3-7(a)~(c)可以看出,当制备过程中不加入 STPP 时得到的是多孔结构的铂纳米片,孔的尺寸在 2~20nm。当制备过程中加入 STPP 时纳米片的孔密度和尺寸都会减小(见图 3-7(d)~(f)),当 STPP 与 Pt(acac)$_2$ 质量比为 1.5:1 时铂纳米片的平均尺寸减小到了小于 5nm(见图 3-7(e)),同时比较图 3-7(c)和(f)中用虚线标出的晶粒大小可以发现晶粒尺寸也有明显减小的趋势。当进一步加大 STPP 与 Pt(acac)$_2$ 质量比为 2.5:1 时,从图 3-7(g)~(i)可以看出,产物为无孔的纳米片,纳米片的尺寸也减小到约 2μm。图 3-7(f)和(i)中虚线标出的晶粒大小平均约 15nm,与通过 XRD 数据计算的 14nm 相吻合,可见 STPP 的引入也导致了晶粒尺寸变小。STPP 一般被用作交联剂来络合重金属离子[167],在本实验中 STPP 充当了结构导向剂和交联剂的作用,促使聚集体变得更加密实,最终促使晶粒相互烧结在一起形成少孔或无孔的铂纳米片,但 STPP 的作用机理仍需进一步研究。

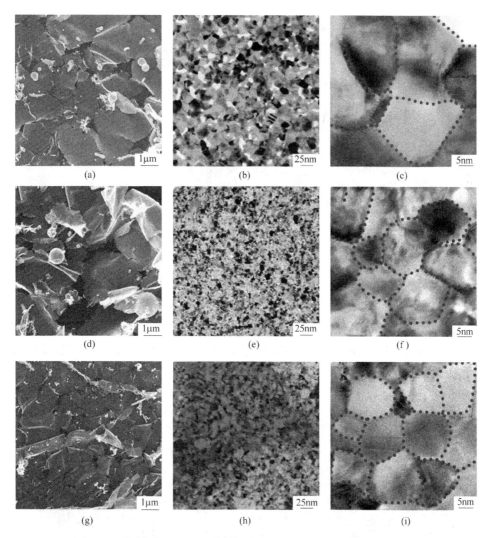

图 3-7 不同条件下得到的多孔结构的铂纳米片的 SEM 和 TEM 照片
(a)~(c)不加 STPP;(d)~(f)STPP 与 Pt(acac)$_2$ 质量比为 1.5∶1;
(g)~(i)STPP 与 Pt(acac)$_2$ 质量比为 2.5∶1

3.3.2 Pt 纳米花和 PtPd 纳米片表征结果

在 NaOH-KOH 无机离子液体系中,当改变前躯体种类为草酸四铵合铂时制备了铂纳米花状结构,如图 3-8 所示。由图 3-8(a)中扫描照片可以看出产物由尺寸较均匀的纳米花状结构组成,进一步放大的扫描照片显示纳米花尺寸在 400~500nm(见图 3-8(b))。

图 3-8 铂纳米花的 SEM 照片

当改变前躯体种类为乙酰丙酮铂和乙酰丙酮钯时制备了铂钯合金纳米片，如图 3-9 所示。由图可以看出产物为不规则的纳米片状结构组成，而且片很薄。从图 3-9(b)中插图的 EDX 能谱图可以看出除了基底的 C 元素外，只有铂和钯的信号被检出，无其他杂质峰出现，说明得到的产物为铂钯双金属。同时 EDX 结果表明铂钯纳米片中的铂钯原子百分比约为 42∶57，接近反应中前躯体的投加比率 1∶1。

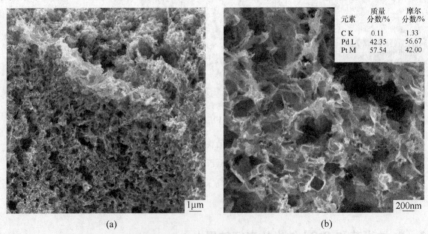

图 3-9 不同放大倍数的铂钯合金纳米片 SEM 照片

3.3.3 Pt 纳米片氧气还原反应电化学催化性能

铂及铂基合金纳米粒子一般用作燃料电池催化剂时都需要先负载在活性炭等载体上，但碳载铂催化剂电极在强酸介质中存在很大的缺陷，活性炭容易在催化过程中被强酸腐蚀，导致电化学活性表面积极大减少，从而影响电极的耐久性使用性能，所以非碳负载型催化剂的开发受到了研究者的广泛关注[75,153]。本节将通过实验来验证我们制备的多孔铂纳米片作为非碳负载型催化剂在 ORR 电化学催化中具有优异的耐久性能。同时由于制备过程中没有添加任何有机表面活性剂，所以多孔铂纳米片表面非常洁净，避免了使用前去除表面所吸附有机物的复杂处理步骤，可以直接用作电化学催化应用。

加速耐久性试验（accelerated durability test，ADT）是在氩气饱和的 0.1mol/L $HClO_4$ 溶液中进行，电压为 0.6~1.0V（vs RHE），扫速 100mV/s，循环扫描 3 万次。在循环扫描过程中，工作电极上的铂催化剂表面会发生氧化-还原反应。加速耐久性试验结果表明自支撑多孔铂纳米片具有比市售的 Pt/C（TKK，50% 铂负载量）更高的电化学稳定性和 ORR 催化活性，如图 3-10 所示。图 3-10（a）为

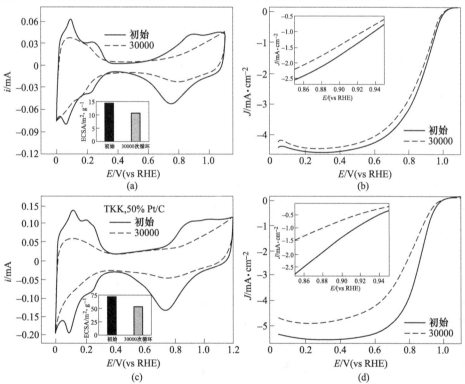

图 3-10　催化剂经过 30000 次加速循环扫描前后的循环伏安曲线和 ORR 极化曲线

(a) 自支撑多孔铂纳米片循环伏安曲线；(b) 自支撑多孔铂纳米片的 ORR 极化曲线；

(c) 市售 Pt/C(TKK，50% 铂负载量) 循环伏安曲线；(d) 市售 Pt/C 的 ORR 极化曲线

（图（a）和图（c）中插图为加速耐久性试验前后的 ECSA 柱状图；

图（b）和图（d）中插图为一定电压范围内的 ORR 极化曲线放大图）

自支撑多孔铂纳米片经过 30000 次循环扫描前后的伏安曲线，可以看出在最初的 CV 曲线中正向和反向扫描均会在 0.1V 左右出现一个尖峰，分别归因于氢气在铂 {111} 晶面上的吸附和脱附。在 0.1~0.4V 的无明显特征的盒状区域是由氢气在铂其他低指数晶面上的吸附和脱附引起的，在 0.4~0.6V 为平滑的双电层区，大于 0.6V 出现的峰为铂的氧化物 PtOH/PtO$_x$ 生成和还原峰。当经过 30000 次循环扫描后，尖锐的氢气吸/脱附峰消失了，表明在循环过程中一些晶面发生了表面重构，各种晶面所占比率趋于平均化，所以没有优势晶面的峰出现。图 3-10(c) 中市售 Pt/C 催化剂经过 30000 次循环扫描前后的 CV 曲线表现出了与多孔铂纳米片 CV 曲线相同的变化规律。进一步通过氢气吸附峰计算得到加速耐久性试验前后的电化学活性表面积(ECSA)，结果表明自支撑多孔铂纳米片催化剂的 ECSA 经过 30000 次循环扫描后由 14.5 下降到了 10.6m^2/g，仅下降了 27%（见图 3-10(a)）；而市售 Pt/C(TKK) 催化剂的 ECSA 由 71.8 下降到了 40.0m^2/g，下降了 44%（见图 3-10(c)）。这与报道的商业用催化剂 Pt/C(TKK) 的数值相一致，Yan 等人[29]采用相同的测试方法研究 Pt/C(TKK)，发现其 ECSA 下降了 39%，质量电流密度下降了 41%；同时对铂黑催化剂的研究表明，经过 1000 个循环后，ECSA 就下降了 51%。由此可见，自支撑结构催化剂的 ECSA 保持性能优于碳负载型催化剂，这可归因于自支撑结构催化剂可有效避免由活性炭腐蚀而带来的不利影响。

图 3-10(b) 和 (d) 为自支撑多孔铂纳米片和市售 Pt/C 催化剂经过 30000 次加速循环扫描前后的 ORR 极化曲线。由图可知，加速耐久性试验前后自支撑多孔铂纳米片的 ORR 半波电位分别为 0.875V 和 0.857V，市售 Pt/C 催化剂的 ORR 半波电位分别为 0.852V 和 0.793V，结果表明自支撑多孔铂纳米片具有更高的 ORR 催化活性。

自支撑多孔铂纳米片具有优异的电化学活性表面积保持性能和高的 ORR 催化活性，这与其自身结构的稳定性是分不开的，对经过 3 万次加速循环扫描后的多孔铂纳米片进行了表征，结果如图 3-11 所示。由图 3-11(a) 和 (b) 可见，电化学测试对多孔铂纳米片的形貌和多孔性几乎没有影响。图 3-11(c) 和 (d) 的高分辨图中的相邻晶粒的晶格取向夹角和相邻晶格线之间的晶面间距也未发现改变，进一步证实了自支撑催化剂多孔铂纳米片的稳定性。

3.3.4 Pt 和 PtPd 纳米片及 Pt 纳米花的甲醇电催化氧化性能

铂及铂基催化剂在燃料电池中除了可以用作氧气还原反应的阴极催化剂外，还可以用作甲醇和甲酸等有机小分子氧化反应的阳极催化剂。本节将对多孔铂纳

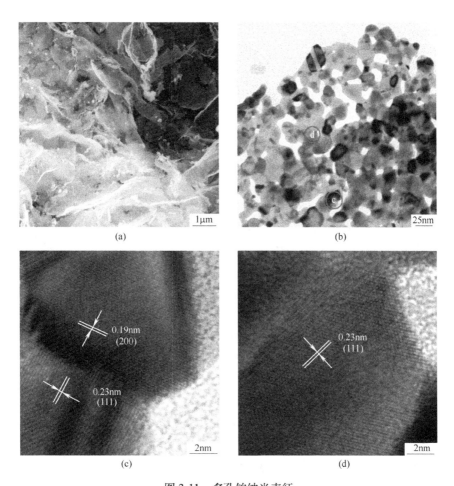

图 3-11 多孔铂纳米表征

(a), (b) 自支撑多孔铂纳米片经过 30000 次电化学加速循环扫描后的 SEM 和 TEM 照片;

(c), (d) 分别为图 (b) 中标ⓒ和ⓓ区域的 HRTEM 照片

米片、铂纳米花和铂钯纳米片三种自支撑催化剂进行甲醇电化学催化氧化性能测试,并与市售铂黑催化剂进行对比。图 3-12 为市售铂黑、多孔铂纳米片、铂纳米花和铂钯纳米片催化剂在 0.5mol/L H_2SO_4 中的循环伏安曲线,由图可见,CV 曲线中正向和反向扫描均会在 0.02~0.4V 出现了两个尖峰,分别对应于氢气在铂的 {111} 和 {100} 晶面上的吸附和脱附峰,在 0.4~0.6V 为平滑的双电层区,大于 0.6V 出现的峰分别为铂氧化物 PtOH/PtO_x 的生成和还原峰。对于纯铂催化剂一般会在氢吸/脱附区出现尖锐的峰,如图 3-12(a)~(c)所示。当催化剂为铂钯合金时,氢吸/脱附区只出现了一个宽峰,表明了铂的晶面在合金化过程中发生了重构。

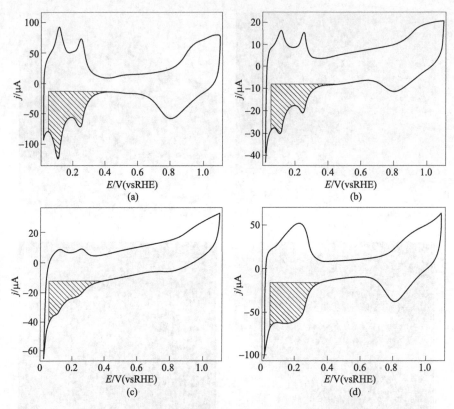

图 3-12　各种催化剂在 0.5M H_2SO_4 中的循环伏安曲线
(a) 市售 Pt 黑；(b) 多孔 Pt 纳米片；(c) Pt 纳米花；(d) PtPd 纳米片
(图中阴影面积为氢吸附区)

如图 3-12 可见，四种催化剂的甲醇催化氧化 CV 曲线具有相同规律，在正向电压扫描时，当电压小于 0.6V 一般不会出现电流的改变，这主要是由于催化剂表面几乎完全被甲醇去氢化所产生的中间物种如 CO 所吸附和毒化。随着扫描电压继续正向增大，CO 吸附物种开始被氧化，在大约 0.85V 的位置会出现一个对称的阳极氧化峰，同时催化剂表面完全释放出来。从峰电位和峰电流密度可以来评估催化剂的性能，峰电位值越小，峰电流密度越大，则催化剂催化性能越好。表3-3 总结了几种催化剂电化学催化氧化甲醇的参数值，对于峰电位值来说，多孔 Pt 纳米片、Pt 纳米花和 PtPd 纳米片均比市售 Pt 黑催化剂的值更负，表明自制催化剂具有更高的氧化 CO 吸附物种的能力。从面积电流密度数据可以看出，PtPd 纳米片最大为 $1.50mA/cm^2$，其次是 Pt 纳米花和 Pt 纳米片，最小是市售 Pt 黑催化剂为 $1.03mA/cm^2$。而且 PtPd 纳米片的质量电流密度是最大的，达到了

164mA/g，远大于 Pt 纳米花和 Pt 纳米片单金属催化剂。市售 Pt 黑的质量电流密度也较大，这可归因于市售 Pt 黑的颗粒尺寸较小，在 2~3nm，同时具有很好的分散性，从而在质量相同的情况下具有较大表面积和催化活性。

表 3-3　多孔 Pt 纳米片、Pt 纳米花、PtPd 纳米片及市售 Pt 黑催化剂在
0.5mol/L H_2SO_4+0.5mol/L CH_3OH 体系中甲醇电化学催化氧化性能数据表

催化剂	Pt 纳米片	Pt 纳米花	PtPd 纳米片	Pt 黑（TKK）
峰电位/V	0.84	0.85	0.85	0.87
面积电流密度/mA·cm^{-2}	1.06	1.16	1.50	1.03
质量电流密度/mA·g^{-1}	35.9	44.9	164	156
I_f/I_b	0.82	0.89	1.00	0.89

当反向电压扫描时，所有催化剂都会在 0.7V 左右出现一个阳极氧化峰，如图 3-13 所示。正扫时的峰电流密度 I_f 和反扫时的峰电流密度 I_b 之间的比值 I_f/I_b，可以评估催化剂对累积在催化剂表面的碳物种的耐受能力（即抗毒化能力）[73]。高的 I_f/I_b 值表示催化剂具有好的甲醇氧化能力，能够将催化剂表面的碳残留最大限度地氧化为 CO_2。由表 3-3 中数据可知，PtPd 纳米片的 I_f/I_b 值最大为 1.00，可见 PtPd 纳米片具有很高的甲醇氧化能力和抗 CO 毒化能力。

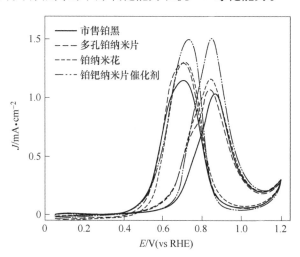

图 3-13　市售 Pt 黑、多孔 Pt 纳米片、Pt 纳米花及 PtPd 纳米片催化剂
（在 0.5mol/L H_2SO_4+0.5mol/L CH_3OH 中的循环伏安曲线）

综上所述，自制的三种催化剂多孔 Pt 纳米片、Pt 纳米花和 PtPd 纳米片均表现出优于市售 Pt 黑催化剂的甲醇电化学催化氧化性能。其中 PtPd 纳米片的峰电位最负，峰电流值最大，I_f/I_b 值最大，具有最高的甲醇电化学催化氧化能力和抗

CO 毒化能力。

3.4 本章小结

本章在 NaOH-KOH 混合无机离子液体系中，不使用任何有机的表面活性剂和结构导向剂，通过热分解贵金属有机前躯体制备了 Pt 纳米片、Pt 纳米花和 PtPd 纳米片状结构，这些催化剂可以不经过任何前处理而直接用于电化学催化中，检测和研究其 ORR 和甲醇氧化催化活性，得出了以下结论。

(1) 以 $Pt(acac)_2$ 为前躯体制备了二维多孔 Pt 纳米片，SEM 和 TEM 结果表明最终产物中纳米片和空心球共存，Pt 纳米片是由空心球破裂而生成的，推测其形成机理为：以原位生成的气泡为模板，在气-液界面上首先生成空心球，然后空心球破裂得到纳米片。对制备条件进行了研究，温度对产物的形貌影响很大，无机交联剂 STPP 可以调控纳米片的孔密度和尺寸。电化学催化性能测试结果表明自支撑多孔 Pt 纳米片具有优异的 ECSA 保持性能和高的 ORR 电化学催化活性。

(2) 改变前躯体种类分别制备了 Pt 纳米花和 PtPd 纳米片，采用 SEM、TEM、XRD 和 EDX 等对产物进行了表征。甲醇电化学催化氧化性能测试结果表明三种自支撑催化剂多孔 Pt 纳米片、Pt 纳米花和 PtPd 纳米片均具有优于市售 Pt 黑催化剂的甲醇电化学催化氧化性能，其中 PtPd 纳米片具有最高的甲醇电化学催化氧化能力和抗 CO 毒化能力。

(3) 这种利用金属有机物化学气相沉积法在气-液界面上制备二维纳米片的方法非常简便和低成本，在制备过程中没有使用任何有机的表面活性剂和挥发性有毒的溶剂，很有希望发展成为一种绿色制备其他无表面活性剂吸附的金属和合金的方法。

4 KNO_3-$LiNO_3$ 体系中铂、铂基合金制备及电催化性能研究

4.1 概 述

目前燃料电池作为能量高效转换和相对清洁的能源受到广泛关注,在各种类型燃料电池中质子交换膜燃料电池、直接甲醇燃料电池和直接甲酸燃料电池成为最具竞争力的便携式电源。然而燃料电池中常用的铂催化剂由于价格昂贵和易毒化失活,使其应用受到很大限制。

最近研究者发现,高指数面可以极大地增强铂催化剂对 CO 和甲醇的催化氧化能力,并提高其抗毒化性能,同时也可以提高 ORR 催化活性[14,47]。因为具有凹面的多面体结构大多都是由高指数面组成,因此受到了研究者的极大重视[41-47]。凹面结构贵金属纳米材料制备方法的开发已经成为目前燃料电池催化剂制备领域的研究热点。

为了解决单金属铂做催化剂价格昂贵且容易中毒失活的问题,研究者发现用相对便宜的其他 3d 过渡金属来部分取代价格高的铂,得到铂基双金属或多金属纳米结构,不仅可以极大地降低生产成本,而且金属间的协同作用会大大增强产物的催化活性和抗毒化性能[168]。目前铂基合金如铂钯[59]、铂镍[16,61]、铂银[62-64]、铂铜[67,69,70]和铂铅[73,74]等,已经通过在水溶液或有机体系中共还原金属离子,并有表面活性剂的保护下进行了制备。Yin 等人[59]制备了小于 10nm 的铂钯纳米立方体和四方体,电化学实验结果表明,铂钯纳米立方体的甲醇电化学催化氧化活性分别是市售铂碳催化剂和铂钯纳米四方体的 4 倍和 1.5 倍。Yang 等人[69]通过共还原法制备了铂铜纳米立方体和纳米球状结构,甲醇和甲酸电化学催化氧化结果表明,铜的引入可以极大地提高催化性能,而且铂铜纳米粒子的形状对催化性能有很大影响,立方结构的铂铜纳米粒子具有更高的甲醇催化氧化活性,而球状的铂铜纳米粒子具有更好的甲酸催化氧化性能。Xu 等人[62]采用紫外光照共还原法直接在活性炭上负载了铂银合金,甲酸电化学催化氧化结果表明,碳载铂银合金具有比市售铂碳催化剂低的起始电位、低的峰电位和高的峰电流密度。

此外，上述制备铂凹面结构和各种铂基合金的过程大都需要用到挥发性有机溶剂或表面活性剂，从而会造成环境污染和纳米粒子催化性能的下降，所以开发一种简单、高效、绿色环保的方法来制备凹面结构的铂纳米粒子，以及铂基合金纳米粒子具有重要意义。

本章在 KNO_3-$LiNO_3$ 无机离子液体系中制备了凹面结构铂、凹面结构的 PtPd 纳米粒子、Pt_xCu_y 合金纳米粒子及 Pt_xAg_y 纳米空心结构，制备过程中没有使用任何有机溶剂和表面活性剂；探讨了铂和铂铜纳米粒子的凹面结构及 Pt_xAg_y 纳米管的形成机理，对铂凹面结构的高指数面进行了标定，并对产物的抗 CO 毒化能力以及甲醇、甲酸电催化性能进行了研究。

4.2 实验部分

4.2.1 试剂及仪器

实验中所用的主要试剂见表 4-1，所用的主要仪器见表 4-2。

表 4-1 实验所用主要试剂

试剂名称	化学式	规格	生产厂家
硝酸钾	KNO_3	分析纯 99.0%	天津市红星化学试剂厂
硝酸锂	$LiNO_3$	化学纯 98.0%	阿拉丁试剂有限公司
草酸四氨合铂	$[Pt(NH_3)_4]C_2O_4$	分析纯	阿拉丁试剂有限公司
草酸四氨合钯	$[Pd(NH_3)_4]C_2O_4$	分析纯	阿拉丁试剂有限公司
硝酸铜	$Cu(NO_3)_2 \cdot 3H_2O$	分析纯 99.0%	天津市红岩化学试剂厂
乙酸银	CH_3COOAg	分析纯	阿拉丁试剂有限公司
硝酸银	$AgNO_3$	分析纯	上海试剂一厂
氢氧化钾	KOH	分析纯	天津市红岩化学试剂厂
活性炭	C	分析纯	阿拉丁试剂有限公司
甲酸	HCOOH	色谱纯	阿拉丁试剂有限公司

表 4-2 试验所用主要仪器

仪器名称	型号	生产厂家
透射电子显微镜	JEM-3010	日本电子株式会社
（HAADF）STEM 检测器	JEM-3010	日本电子株式会社

注：与表 3-1 和表 3-2 相同的试剂和仪器未列出。

4.2.2 制备方法

4.2.2.1 凹面结构的铂纳米粒子的制备

纯的硝酸钾和硝酸锂的熔点均大于260℃（KNO_3熔点为334℃，$LiNO_3$熔点为264℃），但按照最低共熔点组成比例混合好的KNO_3-$LiNO_3$无机离子液的熔点仅仅为125℃。将6.6g KNO_3与3.4g $LiNO_3$混合均匀后加到三颈烧瓶中，磁力搅拌下缓慢加热到熔化，实验中加热热源为KNO_3-$LiNO_3$混合盐浴。保持温度为180℃，搅拌速度为1000r/min，加入17.6mg草酸四氨合铂，5min后加入22.4mg KOH，保持反应1h，移去热源，体系冷却到室温。取50mL蒸馏水加入烧瓶中，磁力搅拌溶解混合盐体系，通过离心分离和多次的清洗，干燥得到铂凹面结构纳米粒子。

KNO_3-$LiNO_3$无机离子液体系中除了可以加入少量KOH促使前躯体热分解外，也可以采用其他还原金属前躯体的方法（如用CO或H_2还原）。用气体还原时需要先在熔化的无机离子液中通入CO气体5min，除去体系中空气，然后快速加入17.6mg草酸四氨合铂，180℃下保持反应1h。其余步骤同上。

4.2.2.2 凹面结构的PtPd纳米粒子的制备

将6.6g KNO_3与3.4g $LiNO_3$混合均匀后加到三颈烧瓶中，磁力搅拌下缓慢加热到熔化，保持温度为180℃，搅拌速度为1000r/min，同时加入8.8mg草酸四氨合铂和6.6mg草酸四氨合钯，然后加入22.4mg KOH，保持反应1h。待体系冷却到室温。取50mL蒸馏水加入烧瓶中，磁力搅拌溶解混合盐体系，离心分离和多次的清洗，干燥得到铂钯凹面结构纳米粒子。

4.2.2.3 凹面结构的Pt_xCu_y合金纳米粒子的制备

将6.6g KNO_3与3.4g $LiNO_3$混合均匀后加到三颈烧瓶中，磁力搅拌下缓慢加热到熔化，保持温度为180℃，搅拌速度为1000r/min，先加入50mg的KOH，搅拌熔解后，将不同摩尔比例的$[Pt(NH_3)_4]C_2O_4$和$Cu(NO_3)_2 \cdot 3H_2O$同时加入，保持反应2h，移去热源，体系冷却到室温。取50mL蒸馏水溶解混合盐，通过离心分离和多次的清洗，干燥得到凹面结构Pt_xCu_y合金纳米粒子。

4.2.2.4 Pt_xAg_y合金纳米管的制备

将6.6g KNO_3与3.4g $LiNO_3$混合均匀后加到三颈烧瓶中，磁力搅拌下缓慢加热到熔化，保持温度为 170℃，搅拌速度为 1000r/min，将不同摩尔比例的 [Pt(NH$_3$)$_4$]C$_2$O$_4$ 和 CH$_3$COOAg 同时加入，然后加入 22.4mg 的 KOH，保持反应 2h。冷却到室温，取 50mL 蒸馏水溶解混合盐，多次离心分离清洗后，得到 Pt$_x$Ag$_y$ 合金纳米管。

4.2.2.5 活性炭负载方法

将 4mg 活性炭超声分散于 20mL 蒸馏水中，持续超声 30min，充分分散后，加入一定量的纳米粒子，搅拌过夜，最终产物通过在 13000r/m 下离心分离 10min 收集，然后 80℃ 下干燥 12h。对于凹面结构 Pt NPs/C 按照 40% 的质量来负载，Pt$_x$Cu$_y$/C 按照 20% 的质量来负载。

4.2.3 表征方法

采用 SEM、TEM、HRTEM、SAED、HAADF、EDX 和 XRD 等来表征所制备的纳米粒子。

4.2.4 电催化性能

4.2.4.1 CO 电化学脱除

碳载凹面结构铂纳米粒子（负载量 40%）的 CO 电化学脱除性能测试在三电极体系电解池中进行，参比电极为 Ag/AgCl(3mol/L KCl)，对电极为 1cm×1cm 的铂网（纯度为 99.9%）。准确称量 5mg 的碳载凹面结构铂纳米粒子，超声分散于 5mL 去离子水、异丙醇和 5% 的 Nafion 的混合溶液中，取 20μL 样品滴到直径为 5mm 的玻碳电极上，氮气气氛下干燥，得到工作电极。循环伏安曲线在氮气除氧的 0.1mol/L HClO$_4$ 溶液中进行，扫描电压范围为 0.02~1.10V(vs RHE)，扫速为 50mV/s。催化剂表面不可逆的 CO 吸附层是通过将电极置于 CO 饱和的 0.1mol/L HClO$_4$ 溶液中，0.1/V(vs RHE) 下处理 3min 得到的。然后，将电极取出立刻转移到氮气除氧的 0.1mol/L HClO$_4$ 溶液中测量 CO 电化学脱除伏安曲线。市售 Pt/C(JM, w=40%) 作为参比催化剂，采用相同的方法来测试其 CO 电化学脱除性能。

4.2.4.2 甲醇、甲酸电化学催化氧化

以碳载 Pt$_x$Cu$_y$ 合金纳米粒子(Pt$_x$Cu$_y$/C，负载量 20%) 的甲醇、甲酸电催化氧化性能为例，测试在三电极体系电解池中进行，参比电极为 Ag/AgCl(3mol/L

KCl)，对电极为 1cm×1cm 的铂网（纯度为 99.9%）。准确称量 5mg 样品，超声分散于 5mL 去离子水、异丙醇和 5% 的 Nafion 的混合溶液中，取 20μL 样品滴到直径为 5mm 的玻碳电极上，氮气气氛下干燥，得到工作电极。循环伏安曲线测试在氮气除氧的 $0.1mol/L$ $HClO_4$ 溶液中进行，扫描电压范围为 $0.02\sim1.10V$(vs RHE)，扫速为 $50mV/s$。甲醇催化氧化在 $0.1mol/L$ $HClO_4$ + $1.0mol/L$ CH_3OH 电解质溶液中进行，电压范围为 $0.04\sim1.28V$(vs RHE)，扫速为 $50mV/s$。甲酸催化氧化在 $0.1mol/L$ $HClO_4$ + $0.5mol/L$ CH_3OH 电解质溶液中进行，电压范围为 $0.04\sim1.28V$(vs RHE)，扫速为 $100mV/s$。为了得到稳定的伏安曲线，测试均在 50 个循环后开始记录数据。所有电化学测试均保持电解质溶液温度为 25℃。市售 Pt/C(JM，$w=20\%$) 作为参比催化剂与 Pt_xCu_y/C 进行对比。

4.3 结果讨论

4.3.1 凹面结构的铂纳米粒子表征结果

4.3.1.1 凹面结构 Pt 纳米粒子 SEM 和 TEM 表征结果

如图 4-1 所示，(a) 和 (b) 分别为凹面结构铂纳米粒子不同放大倍数的扫描照片，从图中可以看出制备的铂纳米粒子的尺寸和形貌较均一，几乎所有的纳米颗粒中心都有一个不规则的凹坑。统计得到凹面结构铂纳米粒子的平均尺寸为 $(55.9\pm7.5)nm$（见图 4-1(b) 中插图）。图 4-1(c) 中凹面结构铂纳米粒子的 XRD 衍射图谱中的衍射峰分别对应于面心立方结构铂的 (111)、(200)、(220)、(311) 和 (222) 晶面的标准衍射峰。图 4-1(d) 为产物 EDX 能谱图，除了基底的 Si 和 C 元素信号外，只有 Pt 的信号被检出，无其他杂质峰出现，说明所得产物为纯铂金属。

凹面结构铂纳米粒子的透射照片（见图 4-2(a) 和 (b)）进一步证实了每个铂纳米粒子中心不规则凹坑的存在，尺寸约为 55nm，这和由 SEM 统计的尺寸很接近。图 4-2(c)~(e) 的高分辨透射照片中相邻晶格线之间的晶面间距分别为 0.218nm 和 0.192nm，与面心立方结构的铂 (111) 和 (200) 晶面相对应。由图 4-2(c) 和 (d) 可见，相邻的晶粒间有很明显的晶界存在，有单线晶界（见图 4-2(d)）和三叉晶界（见图 4-2(c)）。相邻晶粒的晶格取向夹角范围在 0°~90° 以上，表明纳米粒子是通过晶粒随机聚集生长而成的，不是取向趋于一致的 OA 生长机制。FFT 图（见图 4-2(c) 插图）中离散的点分布和高分辨照片中的晶格条

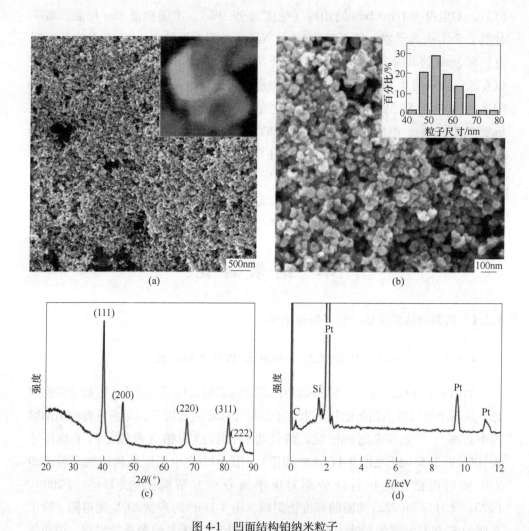

图 4-1 凹面结构铂纳米粒子

(a), (b) 不同放大倍数的 SEM 照片; (c) XRD 衍射图谱; (d) EDX 能谱图

(图 (a) 中插图为放大的凹面结构铂纳米粒子, 图 (b) 中插图为尺寸分布柱状图)

纹表明所制备的凹面结构铂纳米粒子具有很好的结晶性。

凹面结构一般都有高指数面存在,图 4-3 为制备的凹面结构铂纳米粒子的透射照片和高分辨照片。从图 4-3(a)插图和(b)可以很清楚地看到纳米粒子表面边缘有大量原子台阶表明高指数面的存在。进一步对图 4-3(b)中高指数面进行标定可知,表面台阶分别为(110)、(553)和(221)晶面。表 4-3 列出了采用台阶标记法和微晶面标记法[169]指标化的高指数晶面数据。

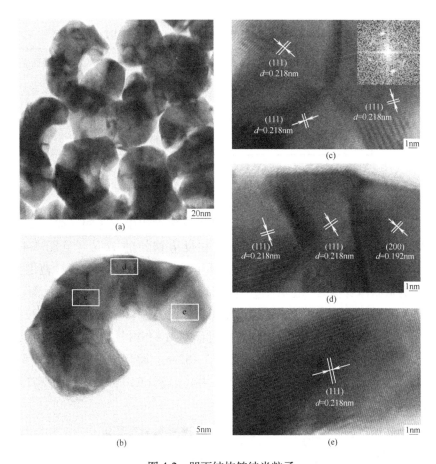

图 4-2 凹面结构铂纳米粒子
(a),(b) TEM 照片;(c)~(e)分别为 (b) 图中对应方框标记区域的 HRTEM 照片
(图 c 中插图为快速傅里叶变换)

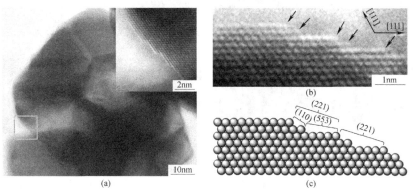

图 4-3 制备的凹面结构铂纳米粒子照片
(a) 凹面结构铂纳米粒子的 TEM 照片 (插图为方框标记区域的 HRTEM 图像);(b) 图 (a) 中插图的
放大照片 (粒子边缘的原子台阶表明高指数面的存在);(c) 按照图 (b) 绘制的高指数面示意图

表 4-3 采用台阶标记法和微晶面标记法指标化的高指数晶面数据

平台原子数目 n	台阶标记法	微晶面标记法	晶面指数
n	$(n+1)(111) \times (111)$	$n_n(111) + 1_1(11\bar{1})$	$(n+1, n+1, n-1)$
$n=1$	$2(111) \times (111)$	$(1/2)_n(111) + (1/2)_1(11\bar{1})$	(110)
$n=4$	$5(111) \times (111)$	$4_4(111) + 1_1(11\bar{1})$	(553)

4.3.1.2 凹面结构 Pt 纳米粒子形成过程

凹面结构铂纳米粒子的形成过程通过对反应过程中随时间取样产物的 SEM 和 TEM 结果进行分析。如图 4-4 所示,在反应初始的 2min(见图 4-4(a)和(b)),只有带不规则孔洞的大面积聚集体生成,大部分孔洞被尺寸范围为 25~90nm 的纳米晶体所包围,也有一些为带状孔洞。当反应 4min 后(见图 4-4(c)和(d)),大的聚集体趋向于分裂为小粒子,同时有一些带凹坑的纳米粒子从聚集体局部分离开。然而当反应 6min 后(见图 4-4(e)和(f)),分散的凹面结构纳米粒子成为主要产物,粒子的大小分布在 7~52nm。最后当反应 30min 后,得到了尺寸均匀的凹面结构铂纳米粒子(见图 4-4(g)和(h)),表明在最终产物形成过程中奥斯瓦尔德熟化机制占了主导地位。

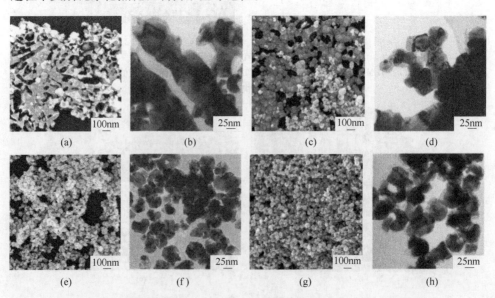

图 4-4 铂纳米粒子制备过程中不同反应时间产物的 SEM 和 TEM 照片
(a),(b) 2min;(c),(d) 4min;(e),(f) 6min;(g),(h) 30min

基于上述对不同反应时间产物的讨论，凹面结构的铂纳米粒子形成过程如图 4-5 所示。首先，草酸四铵合铂粉末通过搅拌分散到 180℃ 的 KNO_3-$LiNO_3$ 混合无机离子液中，加入 KOH 后，草酸四铵合铂开始与 KOH 反应，释放出氨气，并形成零价的铂原子。氨气和挥发出来的草酸四铵合铂会形成气泡，这些气泡由于受到无机离子液大的黏性力作用，会悬浮在液相体系中形成稳定的气泡。同第二章中所提到的一样，液相中存在的稳定气泡可以作为软模板来制备空心结构的纳米材料，这些气泡会在最初产物中形成不规则的孔洞，有些会在聚集的纳米晶体中产生带状结构孔洞，如图 4-4(a) 和 (b) 所示。反应中当气泡生成时，最初释放的铂原子会沉积到气-液界面上，如图 4-5 中第 1 步所示。然后，随界面附近的铂原子浓度逐渐增大，原子聚集形成大量的核并长大为纳米晶体沉积在气-液界面上。界面上最初形成的纳米晶将会进一步充当晶核中心，从而在界面上生长金属壳层，然后经过奥斯特瓦尔德熟化，在气泡周围形成了连接在一起的铂壳结构（见图 4-5 第 2 步和图 4-6(a)），从图 4-6(a) 中可以明显看出壳层结构中存在很多薄弱的连接处。随着气泡的累积和不断浮动，气泡内部气压的增加会导致在表面较薄弱的连接处发生破裂，形成大小不同的凹面结构纳米粒子，如图 4-5 第 3 步和图 4-6(b)~(e) 所示。最后，奥斯特瓦尔德熟化过程会促使纳米粒子的尺寸趋于均一，如图 4-5 第 4 步所示。

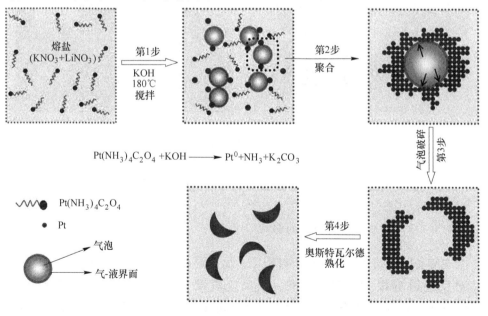

图 4-5　凹面结构铂纳米粒子的形成过程

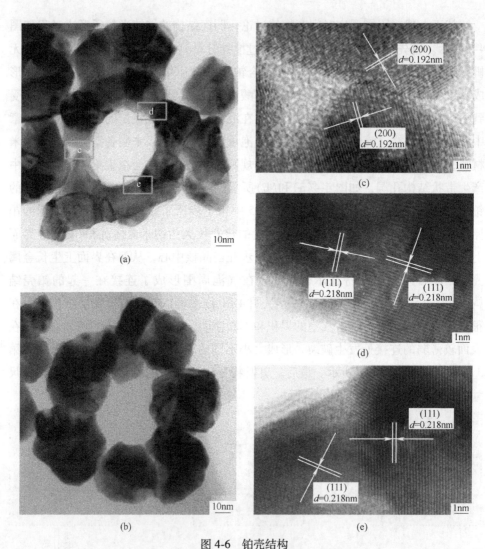

图 4-6 铂壳结构

(a) 连接在一起的铂壳结构的 TEM 照片；(b) 分裂得到的凹面结构铂纳米粒子的 TEM 照片；
(c)~(e) 分别为图 (a) 中标记的铂壳容易断裂处的 HRTEM 照片

4.3.1.3 反应条件对产物的影响

在制备凹面结构铂纳米粒子过程中，反应温度以及 KOH 或 NaOH 强碱的加入对反应影响很大。实验发现，当反应温度低于 160℃ 或没有加入碱时，$Pt(NH_3)_4C_2O_4$ 不会被分解，而是会气化并沉积到反应容器壁上。碱的用量对产物影响很小，只需要保证有少量强碱存在就可以促进 $Pt(NH_3)_4C_2O_4$ 的热分解，加入过量的碱不会影响产物的尺寸和形貌。反应温度和前驱体 $Pt(NH_3)_4C_2O_4$ 的浓度会极大地影响产物尺寸分布,当反应温度低于或高于180℃时,最终产物粒子尺寸分布会变大,如图4-7所示。改变 $Pt(NH_3)_4C_2O_4$ 的加入量为4.4mg时,产物尺寸分布很宽(见图4-8(a));增加 $Pt(NH_3)_4C_2O_4$ 的加入量为8.8mg时,铂纳米粒子的尺寸和形貌趋于均匀(图4-8(b));继续增加 $Pt(NH_3)_4C_2O_4$ 用量到17.6mg时,粒子平均尺寸分布较窄,大小为(55.9±7.5)nm(见图4-1(b)),进一步加大前驱体用量对粒子的尺寸和形貌没有明显影响(见图4-8(c))。

图4-7 不同反应温度下制备的凹面结构铂纳米粒子SEM照片

(a) 170℃;(b) 190℃

图4-8 前驱体 $Pt(NH_3)_4C_2O_4$ 浓度对产物尺寸的影响(在10g无机离子液中分别加入)

(a) 4.4mg $Pt(NH_3)_4C_2O_4$;(b) 8.8mg $Pt(NH_3)_4C_2O_4$;(c) 35.2mg $Pt(NH_3)_4C_2O_4$

本实验中前驱体的还原方式采用的是热分解法,一般情况下要热分解草酸四氨合铂需要温度升高到200℃左右，草酸四氨合铂在此温度以下就会发生大量挥发。为了避免前驱体的挥发就必须降低反应温度，在较低温度下发生热分解反应，就必须要有热分解助剂。鉴于第3章中使用了KOH-NaOH强碱无机离子液，可以大幅度降低前驱体的分解温度，本章选择加入少量的强碱作为热分解助剂，从而促进草酸四氨合铂的热分解。对前驱体草酸四氨合铂的还原方式除了加碱热分解外还有气体还原法（如CO和H_2还原法），实验中研究了气体还原法对产物的影响，结果表明气体还原法得到的产物和热分解得到的产物尺寸和形貌基本相同。

4.3.2 凹面结构的PtPd纳米粒子表征结果

在KNO_3-$LiNO_3$无机离子液体系中，改变前驱体种类为草酸四铵合铂和草酸四铵合钯制备了凹面结构铂钯纳米粒子，如图4-9所示。由图4-9(a)可以看出得到的铂钯纳米粒子尺寸较均匀，大小在35～40nm，而且每个粒子中心都有一个凹坑结构。从透射照片（见图4-9(b)）可以很明显观察到纳米粒子中心凹坑的存在，粒子大小与扫描结果相符合。

 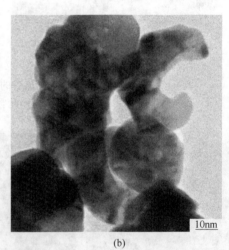

(a) (b)

图4-9 凹面结构铂钯纳米粒子
(a) SEM照片；(b) TEM照片

4.3.3 凹面结构的Pt_xCu_y合金纳米粒子

4.3.3.1 Pt_xCu_y合金纳米粒子SEM和TEM表征结果

改变前驱体种类为草酸四铵合铂和硝酸铜时制备了凹面结构的凹面结构

Pt$_x$Cu$_y$合金纳米粒子。图4-10为不同前躯体投加量比值下制备的凹面结构Pt$_x$Cu$_y$合金纳米粒子的扫描照片，依据表4-4所列的EDX分析结果，将Pt(NH$_3$)$_4$C$_2$O$_4$/Cu(NO$_3$)$_2$·3H$_2$O摩尔比值从1∶3到1∶1、3∶1和6∶1的合金产物依次命名为Pt$_{23}$Cu$_{77}$，Pt$_{51}$Cu$_{49}$，Pt$_{74}$Cu$_{26}$和Pt$_{83}$Cu$_{17}$。由图4-10可见，制备的产物粒子尺寸和形状较均匀，而且几乎所有的纳米粒子中心都有一个不规则的凹坑存在。从不同组分产物的粒径分布图可以看出，含铜量高的合金粒子的平均尺寸明显大于那些含铜量低的产物，例如在图4-10(e)和(g)中，Pt$_{74}$Cu$_{26}$和Pt$_{23}$Cu$_{77}$的平均尺寸分别为（47.2±6.5）nm和（70.7±8.2）nm，含铜量高导致尺寸变大，可能是由于部分铜被氧化为氧化铜的原因。当合金组成在贫铜区（铜含量小于26%）时，随含铜量的改变粒子尺寸只有很小的变化，例如在图4-10(g)和(h)中，随着合金中铜含量的减少，粒子平均尺寸呈现缓慢地增大，从Pt$_{74}$Cu$_{26}$的（47.2±6.5）nm、Pt$_{83}$Cu$_{17}$的（52.2±7.1）nm，直到纯Pt凹面结构纳米粒子的（55.9±7.5）nm。Yamamoto等人[170]在溶液中制备的铂铜合金纳米粒子，当Cu含量大于46%时就会有氧化铜生成，这与实验结果很相似（见图4-10(a)和图4-11），当前躯体中Cu(NO$_3$)$_2$·3H$_2$O的投加量较大时，产物中就会观察到氧化铜杂质。随后的EDX和XRD分析将进一步证明氧化铜杂质在富铜合金中的存在。

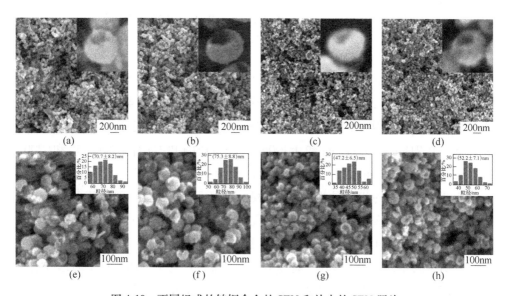

图4-10　不同组成的铂铜合金的SEM和放大的SEM照片

(a)，(e) Pt$_{23}$Cu$_{77}$合金；(b)，(f) Pt$_{51}$Cu$_{49}$合金；

(c)，(g) Pt$_{74}$Cu$_{26}$合金；(d)，(h) Pt$_{83}$Cu$_{17}$合金

(图(e)~(h)中插图为铂铜合金纳米粒子的尺寸分布柱状图)

表 4-4　不同前躯体 $Pt(NH_3)_4C_2O_4/Cu(NO_3)_2 \cdot 3H_2O$ 投加量比值下
制备产物 Pt_xCu_y 合金 EDX 分析结果

Pt_xCu_y 合金	$Pt_{23}Cu_{77}$	$Pt_{51}Cu_{49}$	$Pt_{74}Cu_{26}$	$Pt_{83}Cu_{17}$
前躯体摩尔比 ($x:y$)	1:3	1:1	3:1	1:6
EDX 分析结果 ($x:y$)	1:3.40	1.05:1	2.89:1	4.75:1

图 4-11　$Pt(NH_3)_4C_2O_4/Cu(NO_3)_2 \cdot 3H_2O$ 产物的 SEM 照片
(a) 摩尔比为 1:3；(b) 摩尔比为 1:6

图 4-12(a)~(c)分别为铂铜合金 $Pt_{51}Cu_{49}$、$Pt_{74}Cu_{26}$ 和 $Pt_{83}Cu_{17}$ 的透射照片，可以清楚看到合金纳米粒子的凹面结构和粗糙表面。图 4-12(a_1) 和 (a_2) 为 $Pt_{51}Cu_{49}$ 在图 (a) 中方框标记区域的高分辨透射照片，相邻晶格线之间的晶面间距分别为 0.215nm、0.218nm 和 0.190nm，与报道的 Pt-Cu 合金的(111)和(200)的晶面间距 0.218nm 和 0.189nm 相吻合[70]。同理 $Pt_{74}Cu_{26}$ 和 $Pt_{83}Cu_{17}$ 在图 4-12(b_1)~(c_2)中的相邻晶格线之间的晶面间距也可以分别归属于 Pt-Cu 合金的(111)和(200)晶面。产物的晶面间距介于纯铂和纯铜金属之间，说明产物为合金纳米粒子。图 4-12(b_1)插图中 FFT 图离散的点分布和高分辨照片中的晶格条纹表明所制备的铂铜纳米粒子具有很好的结晶性。对单个纳米粒子的选区电子衍射图谱的分析进一步表明合金粒子为面心立方多晶结构(见图 4-12(d))，与高分辨透射结果相吻合，衍射环可以分别指标化为铂铜合金的(111)、(200)、(220)和(311)晶面。合金中的各种元素的分布采用高角环形暗场像扫描透射电子显微镜 (HAADF STEM) 来分析，典型的 $Pt_{51}Cu_{49}$ 凹面结构合金纳米粒子的

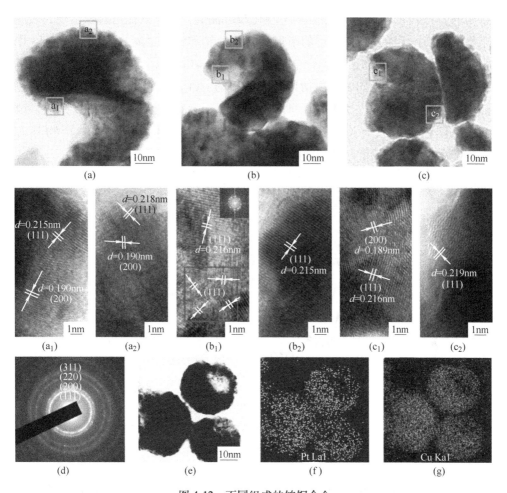

图 4-12 不同组成的铂铜合金

(a)~(c) $Pt_{51}Cu_{49}$、$Pt_{74}Cu_{26}$ 和 $Pt_{83}Cu_{17}$ 合金的 TEM 照片;(d) 单个 $Pt_{51}Cu_{49}$ 纳米粒子的选区电子衍射图谱;
(e)~(g) $Pt_{51}Cu_{49}$ 合金的高角环形暗场像扫描透射电子显微照片和相应的 Pt 和 Cu 元素分布
(图(a)~图(c_2)分别为不同组分铂铜合金在图(a)~图(c)中方框标记区域的 HRTEM 照片,
其中插图(b_1)为对应方框区域的 FFT 图)

STEM 照片和相应的 Pt 和 Cu 元素分布情况如图 4-12(e)~(g)所示,可见 Pt 和 Cu 元素均匀分布于整个粒子。

4.3.3.2 Pt_xCu_y 合金纳米粒子的 XRD 分析结果

图 4-13 为制备得到的 Pt_xCu_y 纳米结构,纯 Pt 以及 CuO 的 XRD 图谱。产物 $Pt_{83}Cu_{17}$、$Pt_{74}Cu_{26}$、$Pt_{51}Cu_{49}$ 的 XRD 图谱中的衍射峰可以分别指标化为面心立方

结构的(111)、(200)、(220)、(311)和(222)晶面,没有其他衍射峰出现,表明产物为纯相,无杂质。Pt_xCu_y的衍射峰介于纯铂和纯铜金属之间(见图4-13中垂直虚线),表明产物形成了合金,并且除了$Pt_{23}Cu_{77}$外,其余Pt_xCu_y合金均随铂含量下降,衍射峰同时向高衍射角方向移动。$Pt_{23}Cu_{77}$中的多余的衍射峰可以被指标化为氧化铜的(-111)和(111)晶面,说明在富铜区易形成CuO杂质。改变前驱体种类为只有$Cu(NO_3)_2 \cdot 3H_2O$或者$Pt(NH_3)_4C_2O_4$时,产物只有CuO(见图4-13)或者凹面结构的Pt生成。

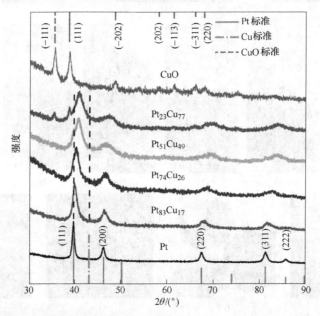

图4-13 制备得到的产物$Pt_{83}Cu_{17}$、$Pt_{74}Cu_{26}$、$Pt_{51}Cu_{49}$、$Pt_{23}Cu_{77}$及Pt和CuO的XRD图谱

图4-14为晶格常数和合金组成之间的关系,其中合金组成是通过EDX结果给出,实验晶格常数通过XRD图谱数据计算得到,理论值通过Vegard定律计算,纯铂和纯铜的晶格常数分别为0.3923nm和0.3617nm。从图中可以看出,对于理论值,按照Vegard定律计算的晶格常数和合金组成之间为线性关系。对于实际的合金产物,在贫铜区能够很好地满足Vegard定律,表明生成了铂铜合金,图中贫铜区实验值和理论值之间的差距可能是由测量误差引起的。在富铜区,如$Pt_{23}Cu_{77}$的实验晶格常数测定值几乎和$Pt_{51}Cu_{49}$的数值一样,在此组分含量下Cu的合金化好像趋于饱和,过量的Cu以CuO的形式存在,结晶性也不好,图4-11中的$Pt_{23}Cu_{77}$的扫描照片和图4-13中的XRD图谱同时证明了CuO的存在。

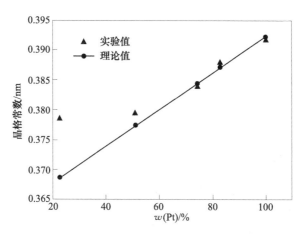

图 4-14　晶格常数和合金组成之间的线性关系

（理论值通过 Vegard 定律计算）

4.3.3.3　Pt_xCu_y 合金纳米粒子形成过程

进一步通过对不同反应时间下的产物的 SEM、EDX 和 XRD 检测分析 Pt_xCu_y 合金纳米粒子的形成过程，结果如图 4-15 和 4-16 所示。在反应最初的 2min（见图 4-15（a）），只有大量不规则形貌的聚集体生成；EDX 结果表明只有原子比为 1∶1 的 Cu 和 O 元素被检出，没有检测出 Pt 的信号（见图 4-15（b））；进一步 XRD

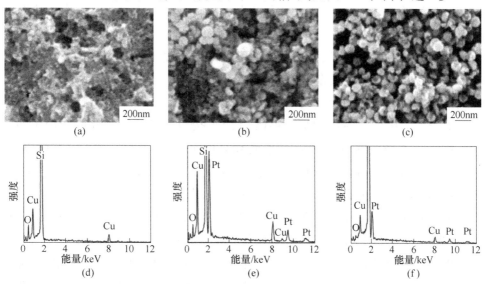

图 4-15　不同反应时间产物的 SEM 照片和 EDX 能谱图

(a), (d) 2min；(b), (e) 4min；(c), (f) 6min

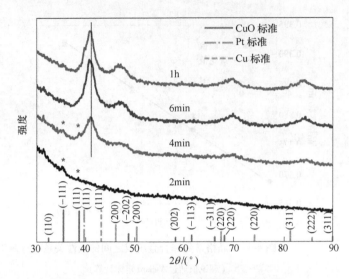

图 4-16 不同反应时间产物的 XRD 图谱

结果显示此时产物为 CuO，表明铂前躯体在反应开始的 2min 内没有发生热分解（见图 4-16）。然而，当继续反应到 4min 时凹面结构的纳米粒子成为主要产物，同时不规则形貌的聚集体仍然共存于产物中（见图 4-15(c)）；EDX 分析显示产物中 Pt 的含量快速增大，而 O 的含量降低到了较低值（见图 4-15(d)），表明铂前躯体在反应开始 2min 后快速地分解了，同时产物中 CuO 被部分还原为 Cu 原子，然后形成了 Pt-Cu 合金；XRD 结果表明产物为 CuO 和 Pt_xCu_y 合金纳米粒子的混合物（见图 4-16）。从图 4-16 中不同反应时间产物对应的 XRD 衍射峰的移动可以发现，随着反应时间的增加，(111) 衍射峰将向低衍射角区移动，表明合金中 Pt 元素的比例在逐渐变大。当反应 6 min 时，那些杂质产物完全消失了，只有均匀凹面结构铂铜合金纳米粒子（见图 4-15(e)）；EDX 分析表明产物中铂铜原子比为 51∶49（见图 4-15(f)），接近前躯体中 $Pt(NH_3)_4C_2O_4$/$Cu(NO_3)_2 \cdot 3H_2O$ 的投加量 1∶1，表明 CuO 中的 Cu(Ⅱ) 已经被还原为 Cu 原子并与 Pt 原子结合为合金；XRD 结果进一步表明此时产物中除了 Pt_xCu_y 合金纳米粒子的衍射峰外，没有 CuO 的衍射峰出现（见图 4-16）。

基于上述讨论及同体系下形貌相同的凹面结构铂纳米粒子的形成机理，Pt_xCu_y 合金纳米粒子的形成过程可以如图 4-17 所示。首先将 $Pt(NH_3)_4C_2O_4$ 和 $Cu(NO_3)_2 \cdot 3H_2O$ 粉末在 180℃ 下搅拌分散于有少量 KOH 存在的 KNO_3-$LiNO_3$ 无机离子液中，这时 $Cu(NO_3)_2 \cdot 3H_2O$ 会马上发生分解并生成氧化铜，如图 4-17 第 1 步和式 (4-1) 所示。接着 $Pt(NH_3)_4C_2O_4$ 开始在 KOH 的促进下热分解为 Pt^0 和释放出氨气（见式(4-2)），由于无机离子液具有较大的黏度，氨气会形成气泡悬浮在体系中，并且氨气会在气-液界面将 CuO 进一步还原为 Cu^0（见式(4-3)）。当 Pt^0 原子与 Cu^0 原子相遇时，会通过合金化反应来降低能量达到稳定（见式(4-4)）。随着 Pt-Cu 核数目的增多，将会在气-液界面上通过外延生长为金属壳（见图 4-17 第 2 步），进一步反应会使气泡周围形成连接在一起的金属壳层结构（见图 4-17 第 3 步）。最后，经过气泡的破裂和奥斯特瓦尔德熟化过程生成了尺寸均匀的凹面结构铂铜合金纳米粒子（见图 4-17 第 4 步）。

$$Cu(NO_3)_2 \cdot 3H_2O + KOH \longrightarrow CuO + KNO_3 + H_2O \quad (4-1)$$

$$Pt(NH_3)_4C_2O_4 + KOH \longrightarrow Pt + NH_3 + K_2CO_3 + H_2O \quad (4-2)$$

$$CuO + NH_3 \longrightarrow Cu + N_2 + H_2O \quad (4-3)$$

$$Pt^0 + Cu^0 \longrightarrow PtCu \text{（合金）} \quad (4-4)$$

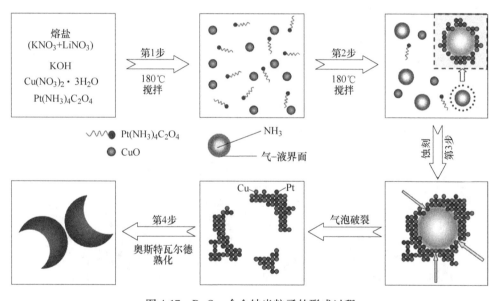

图 4-17　Pt_xCu_y 合金纳米粒子的形成过程

反应过程中生成的铂原子可能在 Cu(Ⅱ) 的还原过程中担当了催化剂的角色，后续实验证实了这个推断，当反应前驱体中只有硝酸铜而没有草酸四铵合铂存在时，即使有氨气作为还原剂也不会得到 Cu^0。验证实验采用尿素或者硝酸铵来产生氨气，结果产物中只有 CuO 生成。在 Pt-Cu 合金中，贫铜区产物中高含量的 Pt 会通过合金化反应(见式(4-4))来稳定还原 CuO 得到的 Cu^0，从而极大地促进了还原反应的发生，并有效地防止生成的 Cu 原子的再氧化。但是，在富铜区产物中，少量的铂前驱体热分解不能提供足够多的氨气来还原 CuO，同时低含量的

Pt 也不足以稳定 Cu^0，导致产物中通常会混有 CuO 杂质。另一方面，在 Pt-Cu 二元合金中反应混合熵较小也是合金化反应会发生的驱动力。

4.3.4 Pt_xAg_y 合金纳米空心结构

4.3.4.1 Pt_xAg_y 合金纳米结构 SEM 和 TEM 表征结果

改变前躯体种类为 $Pt(NH_3)_4C_2O_4$ 和 CH_3COOAg 时制备了 Pt_xAg_y 合金纳米空心结构。图 4-18 为不同前躯体投加量比值下制备的 Pt_xAg_y 合金[171]，以及相同反应条件下得到的银纳米粒子的扫描照片，依据表 4-5 所列的 EDX 分析结果，将 $Pt(NH_3)_4C_2O_4/CH_3COOAg$ 摩尔比值分别为 8:1、4:1、1:1、1:4 和 1:8 的合金产物依次命名为 $Pt_{86}Ag_{14}$、$Pt_{79}Ag_{21}$、$Pt_{52}Ag_{48}$、$Pt_{21}Ag_{79}$ 和 $Pt_{11}Ag_{89}$。由图 4-18 可见，组分中铂含量较高的产物具有和相同体系下制备的纯铂纳米粒子相似的凹面结构，如图 4-18(a) 和 (b) 中的 $Pt_{86}Ag_{14}$ 和 $Pt_{79}Ag_{21}$；随组分中银含量的增加，产物变为管状结构和部分纳米粒子共存，并且随银含量的增加管逐渐变细，如图 4-18(c)~(e) 图中的 $Pt_{52}Ag_{48}$、$Pt_{21}Ag_{79}$ 和 $Pt_{11}Ag_{89}$；当前躯体中只有 CH_3COOAg 时，得到的产物为图 4-18(f) 中不规则的银纳米粒子。可见 Pt_xAg_y 纳米结构的形貌和组成密切相关，银的加入使产物由颗粒状向管状转变，而纯 Ag 组分产物也

图 4-18 不同组成的铂银合金的 SEM 照片
(a) $Pt_{86}Ag_{14}$; (b) $Pt_{79}Ag_{21}$; (c) $Pt_{52}Ag_{48}$; (d) $Pt_{21}Ag_{79}$; (e) $Pt_{11}Ag_{89}$; (f) Ag

为纳米颗粒，说明管状结构的生成是 Pt 和 Ag 两种元素共同作用的结果。表 4-5 的数据表明产物中的实际组成和前驱体中加入的量基本相符。

表 4-5 不同前驱体 $Pt(NH_3)_4C_2O_4/CH_3COOAg$ 投加量比值下
制备的产物 Pt_xAg_y 合金的 EDX 分析结果表

Pt_xAg_y 合金	$Pt_{86}Ag_{14}$	$Pt_{79}Ag_{21}$	$Pt_{71}Ag_{29}$	$Pt_{52}Ag_{48}$	$Pt_{36}Ag_{64}$	$Pt_{21}Ag_{79}$	$Pt_{11}Ag_{89}$
前驱体摩尔比（$x:y$）	8:1	4:1	2:1	1:1	1:2	1:4	1:8
EDX 分析结果（$x:y$）	6.09:1	3.89:1	2.41:1	1.10:1	1:1.72	1:3.88	1:8.51

图 4-19 为组成 $Pt_{52}Ag_{48}$ 的产物的透射表征结果。由图 4-19(a) 可以看到，产

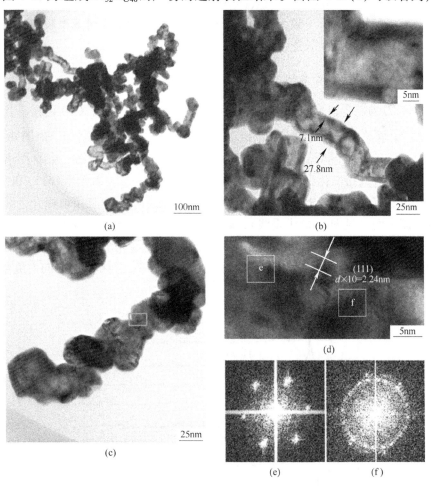

图 4-19 组成为 $Pt_{52}Ag_{48}$ 的合金产物
（a）TEM 照片；（b），（c）放大的 TEM 照片
（图（b）中插图为空心纳米管的放大图）；
（d）HRTEM 照片；（e），（f）图（d）中方框标记区域的 FFT 图

物为空心管状结构，图4-19(b)和(c)分别为(a)的放大透射照片，从(b)可以很清楚地观察到空心的管结构，管的壁厚约为7.1nm，管粗约为27.8nm，插图为空心纳米管的放大图。图4-19(c)为图4-19(a)中观察到的多个粒子聚集成线状结构的放大图，可以看到大部分粒子没有形成空心结构，这表明空心结构的形成可能是由多个纳米颗粒聚集成线状，然后合金中两种元素互相扩散形成空心管状结构，这种晶体生长方式可以归因于柯肯达尔效应（Kirkendall Effect）导致的合金中两种组元的互相扩散。图4-19(d)对图4-19(c)中两个连接在一起的纳米粒子的连接处进行了高分辨分析，相邻晶格线之间的晶面间距均可以归属于Pt-Ag合金的(111)晶面，图4-19(e)和(f)中FFT图离散的点分布和环状点分布说明晶粒连接处的晶格取向不一致，呈随机分布，晶粒在互相聚集时速度较快，通过奥斯特瓦尔德机制外延生长连接成线。

4.3.4.2 Pt_xAg_y 合金纳米管 XRD 分析结果

图4-20为制备得到的 Pt_xAg_y 纳米结构、纯Pt及纯Ag的XRD图谱，其中纯Pt和纯Ag样品是采用与制备 Pt_xAg_y 纳米结构相同的方法自制的。由图4-20可见，对于富铂区($Pt_{86}Ag_{14}$)和富银区($Pt_{21}Ag_{79}$和$Pt_{11}Ag_{89}$)的产物，XRD图谱中的衍射峰可以分别指标化为面心立方结构的(111)、(200)、(220)、(311)和(222)晶面，没有其他衍射峰出现，表明产物为纯相，无杂质。而且衍射峰介于纯铂和纯银金属之间（见图4-20中垂线），表明产物形成了合金，在富铂区和富银区形成的合金的衍射峰位置有很大差异，富铂区形成的合金衍射峰相比纯铂衍射峰向小角方向发生了微小左移，富银区形成的合金衍射峰相比纯银衍射峰向大角方向发

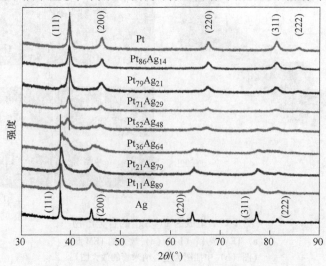

图4-20 制备得到的 Pt_xAg_y 合金、纯Pt及纯Ag的XRD图谱

生了微小右移。组成比例在中间区域的产物（如 $Pt_{79}Ag_{21}$、$Pt_{71}Ag_{29}$、$Pt_{52}Ag_{48}$ 和 $Pt_{36}Ag_{64}$）的 XRD 图谱中的衍射峰可以理解为富铂区合金和富银区合金衍射峰的混合，说明在此区间产物为两种合金的混合物。

对于块体的铂银合金来说，由于铂银之间大的不混溶性，导致组分在 Ag_2Pt_{98} 到 $Ag_{95}Pt_5$ 区间小于 400℃时很难形成合金，但有研究表明当粒子尺寸小到纳米级别时铂银之间会形成组成范围较宽的合金相[64]。图 4-20 的 XRD 结果同样也证明了在纳米级别可以实现组成范围较宽的铂银合金相的制备。

4.3.4.3 Pt_xAg_y 合金纳米管形成过程

通过对不同反应时间下的产物的 SEM 和 EDX 检测对 Pt_xAg_y 合金纳米管的形成过程进行分析，结果如图 4-21 所示。在反应最初的 2min（见图 4-21(a)），只

图 4-21　不同反应时间产物的扫描照片（插图为相应 EDX 数据）
(a) 2min；(b) 4min；(c) 1h

有大量不规则形貌的纳米粒子生成；EDX 结果表明除了基底 Si 的信号外，只有原子比为 2.7∶1 的 Ag 和 Pt 元素被检出，产物中 Ag 比例远高于 Pt，主要是因为 CH_3COOAg 热分解速率远大于 $Pt(NH_3)_4C_2O_4$ 的分解速率，所以反应初期首先生成了富银相。当反应 4min 后，从图 4-21（b）中可以看到有许多粒子聚集成线/管状结构，此时 EDX 结果中 Ag 和 Pt 原子比变为 1∶1.3，产物中 Pt 的比例快速上升，主要是由于 $Pt(NH_3)_4C_2O_4$ 开始大量热分解，产生的铂吸附在前期生成的富银相上，导致部分银未被检出。继续反应到 1h，从图 4-21(c) 可以发现产物为管状结构和部分纳米粒子共存，EDX 结果表明此时 Ag 和 Pt 原子比约为 1∶1.1，接近前躯体投加比例，说明反应初期形成的富银相中的银向富铂相进行了扩散。结合前面的 TEM（见图 4-19）和 XRD（见图 4-20）结果可知，反应 1h 时产物为空心管状结构的富银合金和富铂合金纳米粒子的混合物，空心管状结构的形成则可归因于柯肯达尔效应导致的合金中两种组元的互相扩散。

4.3.5 凹面结构 Pt 的甲醇电化学催化氧化及抗 CO 毒化性能

4.3.5.1 凹面结构 Pt 的甲醇电化学催化氧化性能

为了研究不含表面活性剂的凹面结构 Pt 的催化性能，通过循环伏安法和计时电流法测试了凹面结构 Pt 的甲醇催化氧化活性并与市售 Pt/C（JM，$w=40\%$）催化剂相比较。图 4-22(a) 为市售 Pt/C 和凹面结构 Pt NPs/C 催化剂在 0.1mol/L $HClO_4$+1mol/L MeOH 中甲醇催化氧化的伏安曲线。对于市售 Pt/C 和凹面结构 Pt NPs/C 催化剂，在 0.80V(RHE) 下甲醇氧化峰值电流密度，正向电位扫描分别为 $0.45mA/cm^2$ 和 $2.10mA/cm^2$。凹面结构 Pt NPs/C 的活性是市售 Pt/C 催化剂

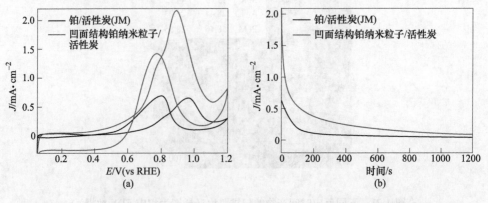

图 4-22 不同催化剂在 0.1mol/L $HClO_4$+1mol/L MeOH 中的甲醇电化学催化氧化性能
(a) 循环伏安曲线；(b) 计时电流曲线（电位为 0.85V(RHE)，扫描速度为 50mV/s）

的 4.7 倍。此外，凹面结构 Pt NPs/C 呈现出更负的峰值电位（0.82V），与市售 Pt/C 测量的 0.89V 值相比负移了 70mV，表明凹面结构 Pt NPs/C 上的 CO_{ads} 氧化活性更高。凹面结构 Pt NPs/C 对 CO 的电氧化活性增强可归因于暴露的表面台阶和高指数晶面。

正向峰值电流密度值（I_f）与反向阳极峰值电流密度（I_b）之间的比率 I_f/I_b 可用于描述催化剂对含碳物质积累的耐受性。从 CV 曲线计算可知凹面结构 Pt NPs/C 的 I_f/I_b 比值为 1.53，明显高于 Pt/C 催化剂（0.95），表明凹面结构 Pt NPs/C 对中毒物质 CO 的耐受性更好。催化剂稳定性通过计时电流，在 0.85V（RHE）的恒定电位下运行 1200 秒进行评估，如图 4-22(b) 所示。凹面结构 Pt NPs/C 催化剂在 1200s 后的初始面积电流密度为 2.01mA/cm^2，最终面积电流密度为 0.08mA/cm^2。Pt/C 催化剂的初始面积电流密度为 0.62mA/cm^2，最终面积电流密度为 0.04mA/cm^2。相比之下，凹面结构 Pt NPs/C 催化剂拥有更强的电化学稳定性。

4.3.5.2 抗 CO 毒化性能

具有高指数面的铂基纳米晶体在电化学催化阳极氧化反应中表现出优异的电化学性能，其原因除了大量的台阶和边角原子可以提供催化反应活性位点外，另一个就是高指数面具有很好的 CO 抗毒化性能。制备的凹面结构 Pt 纳米粒子表面有大量原子台阶存在，具有高指数面（553）和（221），为了验证其 CO 抗毒化性能，在 0.1mol/L $HClO_4$ 溶液中测试了碳载凹面结构 Pt 纳米粒子的循环伏安曲线和 CO 电化学脱除伏安曲线，并与市售 Pt/C（JM，$w=40\%$）催化剂进行了对比，如图 4-23 所示。从图 4-23 中可以看到凹面结构 Pt 纳米粒子的 CO 脱除峰电位为 0.74V，比市售 Pt/C 催化剂的 0.81V 小 70mV，这说明凹面结构 Pt 纳米粒

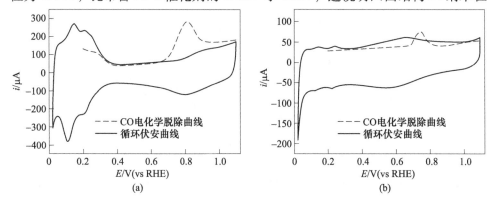

图 4-23 两种催化剂的循环伏安曲线和 CO 电化学脱除伏安曲线
(a) 市售 Pt/C(JM，$w=40\%$)；(b) 自制碳载凹面结构 Pt 纳米粒子（$w=40\%$）

子更容易将吸附在表面的 CO 去除掉，从而具有强的抗毒化性能。增强的电催化氧化 CO 性能可以归因于凹面结构 Pt 纳米粒子表面的原子台阶和高指数面。这与文献报道的高指数面可以增大铂催化剂对 CO 氧化能力[14]，以及当台阶密度的增大会使 CO 脱除峰电位向负向移动的结果相一致[172]。

4.3.6　Pt_xCu_y 合金纳米粒子甲醇和甲酸电化学催化氧化性能

以 Pt_xCu_y 合金为例，比较不同组分合金的甲醇和甲酸阳极氧化的电化学催化活性。图 4-24 为催化剂 Pt/C（JM，w = 20%），$Pt_{23}Cu_{77}$/C、$Pt_{51}Cu_{49}$/C、$Pt_{74}Cu_{26}$/C 和 $Pt_{83}Cu_{17}$/C 在 0.1mol/L $HClO_4$ + 1mol/L MeOH 中典型的甲醇电化学

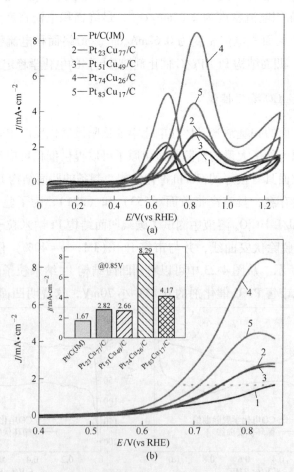

图 4-24　不同催化剂在 0.1mol/L $HClO_4$ + 1mol/L MeOH 中的甲醇电化学催化氧化性能
(a) 循环伏安曲线；(b) 线性扫描伏安曲线
(插图为 0.85V(vs RHE) 时对应的面积电流柱状图，扫描速度为 50mV/s)

催化氧化循环伏安曲线。由图 4-24(a)可见，对于所有催化剂的甲醇电化学催化氧化循环伏安曲线具有相同规律，在正向扫描方向，当电压低于 0.6V 时几乎没有电流被检测到，主要是由于催化剂表面几乎完全被 CO 所吸附和毒化。随着扫描电压继续正扫，在大约 0.85V 的位置出现一个对称的阳极氧化峰，从峰电位和峰电流密度可以来评估催化剂的性能，峰电位值越小，峰电流密度越大，则催化剂催化性能越好。由表 4-6 中数据可知，所有的 Pt_xCu_y 合金对甲醇氧化的电化学催化能力均明显优于市售 Pt/C 催化剂。其中 $Pt_{74}Cu_{26}$/C 催化剂的面积电流密度达到 $8.46mA/cm^2$，是市售 Pt/C 催化剂（$1.74mA/cm^2$）的 5 倍；同样的结果可以从图 4-24(b)中柱状插图得到，在 0.85V 电位下 $Pt_{74}Cu_{26}$/C 催化剂的面积电流密度是市售 Pt/C 催化剂的 5 倍；另外 $Pt_{74}Cu_{26}$/C 催化剂的峰电位值（0.84V）比市售 Pt/C 催化剂的峰电位值（0.88V）负 40mV，表明合金具有更高的氧化 CO 吸附物的能力。

表 4-6 不同催化剂在 $0.1mol/L\ HClO_4+1mol/L\ MeOH$ 中甲醇电化学催化氧化性能数据表

催化剂	Pt/C(JM)	$Pt_{83}Cu_{17}$/C	$Pt_{74}Cu_{26}$/C	$Pt_{51}Cu_{49}$/C	$Pt_{23}Cu_{77}$/C
峰电位/V	0.88	0.82	0.84	0.84	0.85
面积电流密度/mA·cm^{-2}	1.74	4.46	8.46	2.67	2.82
I_f/I_b	0.83	2.0	1.69	1.65	1.59

在反向扫描方向，所有催化剂都会在 0.65V 左右出现一个阳极氧化峰。计算正扫时的峰电流密度 I_f 和反扫时的峰电流密度 I_b 之间的比值 I_f/I_b，可知 $Pt_{23}Cu_{77}$/C、$Pt_{51}Cu_{49}$/C、$Pt_{74}Cu_{26}$/C 和 $Pt_{83}Cu_{17}$/C 催化剂的 I_f/I_b 值分别为 1.59、1.65、1.69 和 2.0（见表 4-6），均明显大于市售 Pt/C 的 I_f/I_b 值（0.83），表明 Pt_xCu_y 合金具有很高的甲醇电化学催化氧化能力和抗 CO 毒化能力。

甲醇电化学催化氧化的起始电位是用来评估低电压下电化学催化活性的重要参数，在所有的 Pt_xCu_y 合金以及市售 Pt/C 催化剂中，$Pt_{74}Cu_{26}$/C 催化剂的起始电位最负。此外，在给定的氧化电流密度所对应的电位中，$Pt_{74}Cu_{26}$/C 催化剂的电位仍然是最小的（见图 4-24(b)中虚线）。以上结果表明 $Pt_{74}Cu_{26}$/C 催化剂具有优于市售 Pt/C 催化剂的甲醇电化学催化活性。

对所有催化剂的持久性能通过计时安培法进行了评估，测试在恒定电位 0.85V(vs RHE) 下进行 1000s，结果如图 4-25 所示。在最初阶段，所有催化剂的极化电流都会快速下降，主要是由于催化氧化甲醇过程中形成了双层电容；在接下来电流会继续下降，这可以归因于甲醇氧化过程中 CO 等毒化催化剂的吸附物种在铂电极表面的累积[173]。催化剂 $Pt_{74}Cu_{26}/C$ 的起始电流密度为 $8.64mA/cm^2$,经过1000s 后最终电流密度为 $0.38mA/cm^2$;相比之下,市售 Pt/C 催化剂的起始电流密度为 $1.78mA/cm^2$,经过 1000s 后最终电流密度为 $0.34mA/cm^2$,说明 $Pt_{74}Cu_{26}/C$ 具有较好的持久性能。综上所述,相对于市售 Pt/C 催化剂,Pt_xCu_y 合金催化剂表现出更好的甲醇电化学催化氧化性能,其中 $Pt_{74}Cu_{26}/C$ 具有最高的甲醇电化学催化氧化能力。

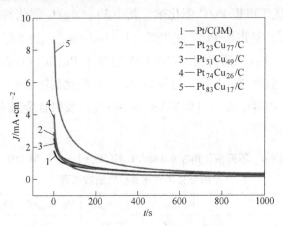

图 4-25 不同催化剂在 0.1mol/L $HClO_4$+1mol/L MeOH 中的计时电流曲线

图 4-26 为催化剂 Pt/C(JM,$w=20\%$)、$Pt_{23}Cu_{77}/C$、$Pt_{51}Cu_{49}/C$、$Pt_{74}Cu_{26}/C$ 和 $Pt_{83}Cu_{17}/C$ 在 0.1mol/L $HClO_4$ + 0.5mol/L HCOOH 中典型的甲酸电化学催化氧化循环伏安曲线。由图 4-26(a)可见,对于所有催化剂的甲酸催化氧化循环伏安曲线具有相同规律,在正向扫描方向有两个阳极氧化峰。第一个小的阳极峰归因于未被中间物种(CO 等)吸附的剩余活性位点上甲酸直接氧化为 CO_2;在较高电位下,电流进一步增大到达第二个阳极峰,中间物种 CO 被氧化并释放出自由活性位点。在反向扫描中,电流会在 0.6V 左右到达一个很高的阳极氧化峰,归因于催化剂未被 CO 毒化时大量甲酸的氧化。然而,当电位到达更负的值时,催化剂表面会重新被 CO 毒化,导致电流的迅速下降。由表 4-7 中数据可知,所有的 Pt_xCu_y 合金对甲酸氧化的催化能力均明显优于市售 Pt/C 催化剂。其中 $Pt_{74}Cu_{26}/C$ 催化剂的面积电流密度达到 $3.23mA/cm^2$ 是市售 Pt/C 催化剂($0.52mA/cm^2$)的 6.2 倍,在 0.45V 电位下 $Pt_{74}Cu_{26}/C$ 催化剂的面积电流密度是市售 Pt/C 催化剂的 5 倍(见图 4-26(b)插图)。此外,在给定的氧化电流密度所对应的电位中,$Pt_{74}Cu_{26}/C$ 催化剂的电位最小(见图 4-26(b)中虚线),表明甲 $Pt_{74}Cu_{26}/C$ 催化剂具有优于市售 Pt/C 催化剂的甲酸电化学催化性能。

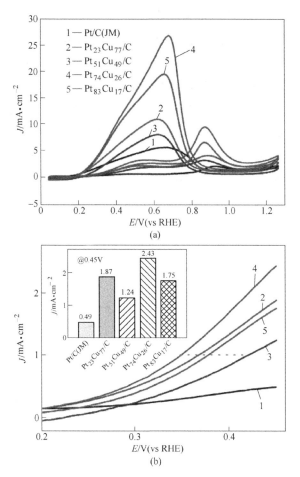

图 4-26 不同催化剂在 0.1mol/L $HClO_4$+0.5mol/L HCOOH 中的甲酸电化学催化氧化性能

(a) 循环伏安曲线;(b) 线性扫描伏安曲线

(插图为 0.45V(vs RHE) 时对应的面积电流柱状图,扫描速度为 100mV/s)

表 4-7 不同催化剂在 0.1mol/L $HClO_4$+0.5mol/L HCOOH 中
甲酸电化学催化氧化性能数据表

催化剂	Pt/C(JM)	$Pt_{83}Cu_{17}$/C	$Pt_{74}Cu_{26}$/C	$Pt_{51}Cu_{49}$/C	$Pt_{23}Cu_{77}$/C
峰电位/V	0.51	0.55	0.56	0.62	0.59
面积电流密度/mA·cm^{-2}	0.52	2.15	3.23	1.89	2.61

4.3.7 Pt_xAg_y 合金纳米粒子甲醇和甲酸电化学催化氧化性能

为了研究 Pt_xAg_y 合金纳米粒子的电催化行为,通过循环伏安法检测了 Pt_xAg_y

合金纳米粒子的甲醇和甲酸电催化氧化活性,并与市售铂黑(JM)催化剂进行了比较。铂黑(JM)、$Pt_{52}Ag_{48}$催化剂在 0.1mol/L $HClO_4$ 溶液中的循环伏安曲线如图 4-27(a)所示。对于市售铂黑(JM)催化剂,循环伏安曲线显示出 Pt 催化剂在酸性电解液中的经典特征,表明 H^+ 吸附/解吸区域在 0.02~0.3V 的电位范围内,在 0.3~0.6V 为光滑双电层,以及大于 0.6V 的电势下 Pt 氧化物的形成和还原区。当对 $Pt_{52}Ag_{48}$ 催化剂进行循环伏安测试时,在 0.5~0.6V 出现 Ag 氧化溶解/脱合金的阳极峰,以及 0.3~0.4V 的 Ag 还原沉积/合金化成合金 $Pt_{52}Ag_{48}$ 的还原峰。由于暴露的 Ag 表面对于 H 吸附/解吸是无活性的,Pt_xAg_y 合金在循环伏安

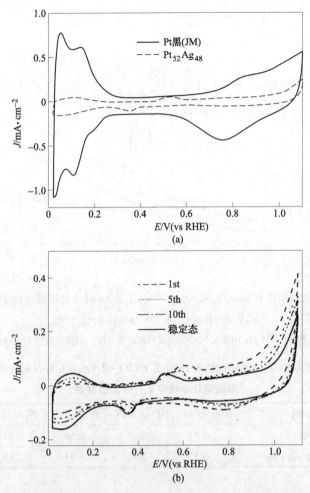

图 4-27 循环伏安曲线和连续循环伏安扫描曲线

(a) 铂黑和 $Pt_{52}Ag_{48}$ 催化剂在 0.1mol/L $HClO_4$ 溶液中的 50 个循环扫描后的循环伏安曲线;

(b) $Pt_{52}Ag_{48}$ 催化剂在氮气饱和的 0.1mol/L $HClO_4$ 溶液中连续循环伏安扫描曲线(扫描速度 50mV/s)

处理过程中可以获得更多暴露的 Pt 表面（更高的 ECSA），用于 H 吸附/解吸（0~0.30V），如图 4-27(b) 所示。当循环伏安扫描 50 个循环后，Pt_xAg_y 合金稳定后，Ag 的氧化还原峰不会消失，表明脱合金处理不能从合金表层浸出所有的 Ag，如图 4-27(b) 所示。

图 4-28(a) 为市售铂黑（JM）、$Pt_{11}Ag_{89}$、$Pt_{21}Ag_{79}$、$Pt_{52}Ag_{48}$、$Pt_{79}Ag_{21}$ 和 $Pt_{86}Ag_{14}$ 催化剂在 0.1mol/L $HClO_4$ + 1mol/L MeOH 中甲醇氧化的伏安曲线。与市售 Pt 黑催化剂相比，$Pt_{52}Ag_{48}$ 和 $Pt_{21}Ag_{79}$ 催化剂在甲醇氧化中的电催化活性明显提高，见表 4-8。对于市售 Pt 黑、$Pt_{21}Ag_{79}$ 和 $Pt_{52}Ag_{48}$/C 催化剂，在正向电位扫描中

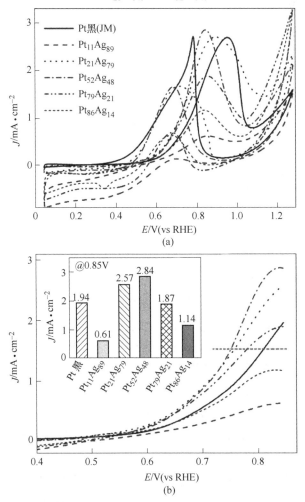

图 4-28　Pt 黑和不同催化剂在 0.1mol/L $HClO_4$ + 1mol/L MeOH 溶液中曲线
(a) 循环伏安曲线；(b) 线性扫描伏安法曲线

甲醇氧化的峰值电流密度分别为 2.69mA/cm², 2.71mA/cm² 和 2.86mA/cm²。类似地，$Pt_{21}Ag_{79}$ 和 $Pt_{52}Ag_{48}$/C 催化剂在 0.85V、50mV/s 时的面积电流密度分别是铂黑催化剂的 1.3 倍和 1.5 倍，如图 4-28(b) 插图所示。

表 4-8 Pt black (JM), $Pt_{11}Ag_{89}$, $Pt_{21}Ag_{79}$, $Pt_{52}Ag_{48}$, $Pt_{79}Ag_{21}$ 和 $Pt_{86}Ag_{14}$ 催化剂对甲醇电催化氧化性能参数

催化剂	起始电位/V	峰电位/V	峰电流密度 J/mA·cm⁻²	电流密度 (0.85V) J/mA·cm⁻²	I_f/I_b
Pt 黑	0.40	0.95	2.69	1.94	0.99
$Pt_{11}Ag_{89}$	0.38	0.86	0.61	0.61	4.79
$Pt_{21}Ag_{79}$	0.32	0.90	2.71	2.57	1.63
$Pt_{52}Ag_{48}$	0.30	0.84	2.86	2.84	1.72
$Pt_{79}Ag_{21}$	0.30	0.86	1.88	1.87	2.76
$Pt_{86}Ag_{14}$	0.30	0.84	1.16	1.14	1.86

此外，几乎所有合金催化剂都呈现出更负的峰值电位，表明合金纳米颗粒上的 CO_{ads} 氧化活性更高。特别是 $Pt_{52}Ag_{48}$ 催化剂的峰值电位达到 0.84V，与市售 Pt 黑测得的 0.95V 值相比，峰值电位负移了 110mV。从表 4-8 可以看出铂黑 (JM)、$Pt_{11}Ag_{89}$、$Pt_{21}Ag_{79}$、$Pt_{52}Ag_{48}$、$Pt_{79}Ag_{21}$ 和 $Pt_{86}Ag_{14}$ 催化剂的 I_f/I_b 比值分别为 0.99、4.79、1.63、1.72、2.76 和 1.86，表明 Pt_xAg_y 合金纳米颗粒具有更高的 CO_{ads} 氧化活性。PtAg 合金在酸性电解质中催化 MOR，PtAg 合金中 Pt 的抗中毒性能可以通过 Ag 的存在而大大提高[174,175]，第 4.3.8 节的结果进一步证明了 Ag 对 PtAg 合金催化活性的促进作用。

MOR 的起始电位也是评估电催化剂在低电位下的催化活性的一个非常重要的参数。从表 4-8 可以看出，$Pt_{52}Ag_{48}$ 催化剂在 Pt_xAg_y 和 Pt 黑催化剂中表现出最负的起始电位。此外，在给定的氧化电流密度下，$Pt_{52}Ag_{48}$ 的相应电位在所有 Pt_xAg_y 和 Pt 黑催化剂中最低（见图 4-28(b)），表明 $Pt_{52}Ag_{48}$ 催化剂对甲醇电催化氧化的性能优于铂黑催化剂。

图 4-29(a) 为市售 Pt 黑 (JM)、$Pt_{11}Ag_{89}$、$Pt_{21}Ag_{79}$、$Pt_{52}Ag_{48}$、$Pt_{79}Ag_{21}$ 和 $Pt_{86}Ag_{14}$ 催化剂在 0.1mol/L $HClO_4$+0.5mol/L HCOOH 中甲酸催化氧化的伏安曲线。由图 4-29 可以看出，所有催化剂在正向扫描中均显示出两个阳极峰。约 0.5V 处的第一个 (CO) 的氧化有关。在反向扫描中，由于大量 HCOOH 氧化，电流在 0.6V 左右达到峰值，远高于正扫描中的峰值。然而，随着电位扫描到更负值，催化剂表面会再次被 CO 毒化，导致电流快速下降。

如表 4-9 所示，正扫描中的第一个小的阳极峰值电位和电流密度对于 $Pt_{11}Ag_{89}$

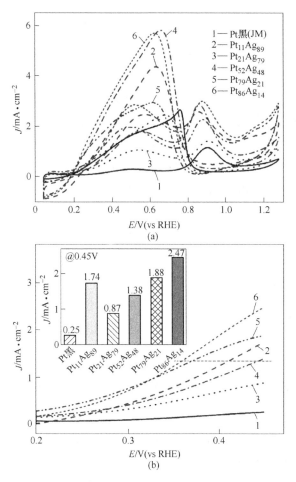

图 4-29 不同催化剂在 0.1mol/L HClO$_4$+0.5mol/L HCOOH 溶液中曲线

(a) 循环伏安曲线；(b) 线性扫描伏安法曲线

(插图为各催化剂在 0.45V(vs RHE) 的面积电流密度，扫描速度 100mV/s)

表 4-9 不同催化剂对甲酸电催化氧化性能参数

催化剂	起始电位 /V	第一峰电位 /V	第一峰 电流密度 /mA·cm^{-2}	第二峰电位 /V	第二峰 电流密度 /mA·cm^{-2}	电流密度 (0.45V) /mA·cm^{-2}
Pt 黑	0.28	0.51	0.28	0.91	1.14	0.25
Pt$_{11}$Ag$_{89}$	0.16	0.57	2.45	0.86	2.56	1.74
Pt$_{21}$Ag$_{79}$	0.16	0.54	1.04	0.91	1.39	0.87
Pt$_{52}$Ag$_{48}$	0.18	0.54	1.78	0.86	2.87	1.38
Pt$_{79}$Ag$_{21}$	0.15	0.50	1.95	0.88	2.26	1.88
Pt$_{86}$Ag$_{14}$	0.17	0.52	2.84	0.88	2.98	2.47

为 0.57V 和 2.45mA/cm², 对于 $Pt_{21}Ag_{79}$ 为 0.54V 和 1.04mA/cm², 对于 $Pt_{52}Ag_{48}$ 为 0.54V 和 1.78mA/cm², $Pt_{79}Ag_{21}$ 为 0.50V 和 1.95mA/cm², $Pt_{86}Ag_{14}$ 分别为 0.52V 和 2.84mA/cm²。与 Pt 黑（JM）的 0.51V 和 0.28mA/cm² 值相比，$Pt_{86}Ag_{14}$ 催化剂的性能提高了 10 倍以上。类似地，在 0.45V 时，$Pt_{86}Ag_{14}$ 催化剂显示出比 Pt 黑催化剂高约 9.9 倍（见图 4-29(b)插图）。此外，与 Pt 黑相比，Pt_xAg_y 合金的起始氧化电位负移约 100~130mV，表明 Pt_xAg_y 合金表面的 CO 吸附量越少，越容易氧化[176]。这将导致预期的电效率提高 20%~26%，因为直接甲醇燃料电池在合理的电流密度下仅提供小于 0.5V 的输出电压[177]。此外，如图 4-29(b)所示，在给定的氧化电流密度下，$Pt_{86}Ag_{14}$ 的相应电位低于其余 Pt_xAg_y 和 Pt 黑催化剂的电位，这表明 HCOOH 电催化氧化反应更容易在催化剂 $Pt_{86}Ag_{14}$ 上进行。

本节在不使用任何有机溶剂或封端剂的情况下制备了蠕虫状 Pt 银纳米管。电催化氧化甲醇和甲酸结果表明，相比于市售 Pt 黑和所有 Pt 银合金催化剂，在甲醇催化氧化中 $Pt_{52}Ag_{48}$ 催化剂、在甲酸催化氧化中 $Pt_{86}Ag_{14}$ 催化剂分别具有最佳的催化活性。

4.3.8　碱性介质中 PtAg 合金中 Ag 对催化反应的促进作用

PtAg 合金在酸性介质中，Ag 的存在可以提高 PtAg 合金中 Pt 抗毒化性能，本节将对碱性介质中 Ag 对 PtAg 合金的催化活性的影响进行研究，探讨 Ag 元素对催化剂活性的促进作用。

图 4-30 为相同负载量的 $Pt_{11}Ag_{89}$、$Pt_{21}Ag_{79}$、$Pt_{52}Ag_{48}$、$Pt_{79}Ag_{21}$ 和 $Pt_{86}Ag_{14}$ 催化剂在 N_2 饱和的 0.5mol/L KOH 电解液中的循环伏安曲线。在正向扫描中出现了两个阳极峰，一个肩峰位于低电位（约 0.20V），另一个强峰位于较高电位（约 0.25V）。这两个阳极氧化峰通常被认为是 Ag 被氧化形成 AgO^- 和 Ag_2O 的过程[178]。在反向扫描过程中，出现在 0.0V 左右的明显阴极峰可归因于 Ag_2O 还原为金属 Ag[179]。随着 Pt_xAg_y 催化剂中 Ag 含量的降低，Ag 的氧化还原峰电流逐渐减小，表明暴露在表面的 Ag 原子数量在减少。在 CVs 曲线的低电位区域，-1.0~-0.7V 处出现的峰可归因于 Pt 表面的氢吸附-脱附特性，（见图 4-30 插图）。此外，在反向扫描过程中，-0.7~-0.2V 范围内出现的宽阴极峰可以归结为在高电位阳极氧化过程中获得的 Pt 氧化物的还原峰[180]。

如图 4-31 所示，当采用循环伏安法测试 $Pt_{52}Ag_{48}$ NTs 时，合金中的 Ag 原子会从合金脱附，这将暴露更多的 Pt 表面（约-0.5V），使 H 吸附-解吸区域

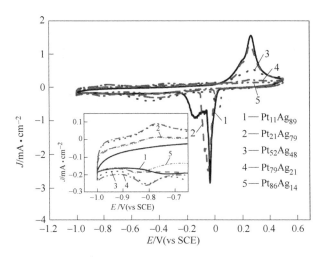

图 4-30 不同催化剂在 N_2 饱和的 0.5mol/L KOH 电解液中的循环伏安曲线

(插图为循环伏安曲线在-1.0~-0.7V 区间的放大图)

(-1.0~-0.7V)产生更大的电化学表面积(ECSA)。此外,随着循环伏安曲线循环次数的增加,Ag 氧化还原峰强度增加,并在 50 次循环后趋于稳定,这表明 Ag 元素存在于 Pt_xAg_y 合金的表面层中[181]。

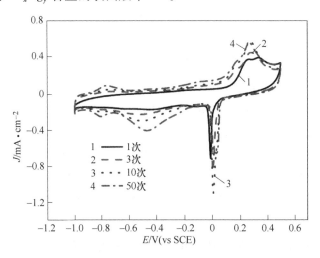

图 4-31 $Pt_{52}Ag_{48}$ 催化剂在 N_2 饱和的 0.5mol/L KOH 电解液中的循环伏安曲线

图 4-32 为 Pt 黑(JM)和 $Pt_{52}Ag_{48}$ 催化剂在不同正电位极限(-1.0~0.5V 和-1.0~0.1V)下的循环伏安曲线。对于市售 Pt 黑,电位限制对循环伏安曲线几乎没有影响,它具有经典的 H 吸附-解吸区域(-1.0~-0.7V)和 Pt 氧化物形

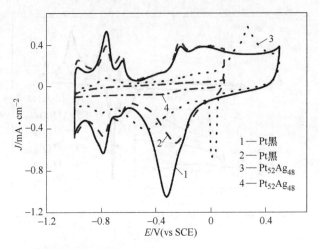

图 4-32　不同催化剂在 N_2 饱和的 0.5mol/L KOH 电解液中循环伏安曲线

(不同正电位极限区间：-1.0~0.5V，-1.0~0.1V)

成和还原区域（-0.5~-0.2V）。对于 $Pt_{52}Ag_{48}$ NTs，循环伏安特性取决于电位限制，在-1.0~0.5V 的正电位极限下，可以观察到 Ag 的氧化还原峰和 H 的吸附-脱附特性。但是，如果将正电位限制在-1.0~0.1V，Ag 的氧化还原和氢吸附-脱附的特性就消失了。众所周知，银原子对氢的吸附和解吸是不活泼的[182]。当施加在-1.0~0.1V 范围内的电位时，Ag 原子不能从催化剂表面脱离，导致氢的吸脱附特性难以表现出来。此外，$Pt_{52}Ag_{48}$ NTs 在 0.5V 下的双电层比在 0.1V 下的要宽得多，这表明 $Pt_{52}Ag_{48}$ NTs 的表面可以通过 Ag 氧化还原过程进行粗糙化[183,184]。

图 4-33 为不同催化剂在 0.5mol/L KOH+2mol/L CH_3OH 电解液中的循环伏安曲线和线性极化曲线。在正向扫描过程中，当电位低于-0.6V 时，基本检测不到电流。随着扫描正向进行，在-0.2V 左右出现了一个非常明显的对称阳极峰。如表 4-10 所示，在正向扫描中，Pt 黑和 $Pt_{52}Ag_{48}$ 催化剂，MOR 的峰值电流密度(I_f)分别为 1.43mA/$μg_{Pt}$ 和 1.61mA/$μg_{Pt}$。在-0.25V 下测量的 $Pt_{52}Ag_{48}$ NTs 的质量电流密度比 Pt 黑的质量电流密度高约 1.19 倍（见图 4-33(a)中插图）。此外，与 Pt 黑相比，所有 Pt_xAg_y 催化剂的峰值电位(E_p)呈现出更负的值，表明对 CO_{ads} 氧化的活性更高。例如 $Pt_{52}Ag_{48}$ NTs 的 E_p 为-0.12V，与 Pt 黑的值(-0.07V) 相比，负移了 50mV。在反向扫描过程中，在大约-0.4V 处观察到另一个阳极峰。对于 Pt 黑、$Pt_{11}Ag_{89}$、$Pt_{21}Ag_{79}$、$Pt_{52}Ag_{48}$、$Pt_{79}Ag_{21}$ 和 $Pt_{86}Ag_{14}$ 催化剂，I_f/I_b 的值分别为 2.55、11.33、8.47、7.17 和 12.50（见表 4-10），表明 Pt_xAg_y 合金纳米粒子比铂黑具有更好的直接氧化甲醇为 CO_2 的活性。为了研究催化剂在低电位下的电催化

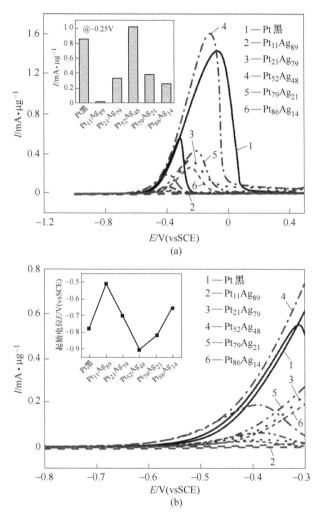

图 4-33 不同催化剂在 0.5mol/L KOH+2mol/L CH_3OH 电解液中的曲线

(a) 甲醇催化氧化循环伏安曲线；(b) 线性极化曲线

(图 (a) 和图 (b) 中的插图分别为-0.25V 时的相应活性及 MOR 的起始
电位与催化剂组成之间的相关性，扫描速率 20mV/s)

性能，基于循环伏安曲线测量了 MOR 的起始电位 E_0，从图 4-33(b) 和插图可以看出，在所有 Pt_xAg_y 和 Pt 黑催化剂中，$Pt_{52}Ag_{48}$ NPs 显示出最负的 E_0 和最高 I_f 值(见表 4-10)，这表明 $Pt_{52}Ag_{48}$ NTs 在碱性中具有比 Pt 黑更好的 MOR 催化活性。这些结果表明，Ag 的存在可以显著提高 Pt 对 MOR 的催化性能。鉴于 Ag 在碱性介质中的催化活性相对于 Pt 极为有限[185]，Pt_xAg_y 合金对 MOR 催化作用的增强主要来源于 Ag 的促进作用。

表 4-10　不同催化剂在 0.5mol/L KOH+2mol/L CH_3OH 中的甲醇电催化氧化性能参数

催化剂	Pt 黑	$Pt_{11}Ag_{89}$	$Pt_{21}Ag_{79}$	$Pt_{52}Ag_{48}$	$Pt_{79}Ag_{21}$	$Pt_{86}Ag_{14}$
E_0/V	−0.77	−0.51	−0.71	−0.91	−0.82	−0.66
E_p/V	−0.07	−0.28	−0.25	−0.20	−0.21	−0.24
I_f/mA·μg^{-1}	1.43	0.02	0.34	1.61	0.43	0.25
I_b/mA·μg^{-1}	0.56	—	0.03	0.19	0.06	0.02
I_f/I_b	2.55	—	11.33	8.47	7.17	12.50
$I_{@-0.25V}$	0.86	0.02	0.33	1.02	0.39	0.26

循环伏安测试过程中正电位极限不仅会改变催化剂表面组成,对催化剂的 MOR 活性也有很大影响。图 4-34(a)和(b)为 Pt 黑和 $Pt_{52}Ag_{48}$ 在 0.5mol/L KOH+2mol/L CH_3OH 的电解液中的循环伏安曲线,电位限制分别为 −1.0~0.5V 和

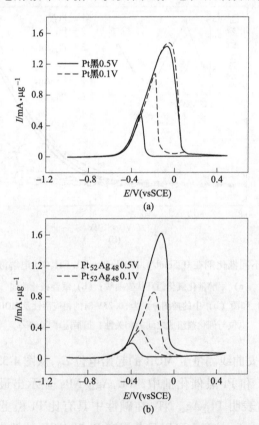

图 4-34　不同催化剂在 0.5mol/L KOH+2mol/L CH_3OH
电解液中不同电位极限区间的循环伏安曲线

−1.0~0.1V，扫描速率为20mV/s。对于Pt黑，当正电位极限从0.1V变为0.5V时，甲醇催化氧化性能大致相同，基本不受影响，如图4-34(a)所示。有趣的是，对于$Pt_{52}Ag_{48}$催化剂，催化特性与不同的正电位极限有很大关系，如图4-34(b)所示。当正电位极限为0.1V时，$Pt_{52}Ag_{48}$催化剂质量电流密度峰值度为0.84mA/μg。随着正电位限制增加到0.5V，$Pt_{52}Ag_{48}$催化剂的电流密度峰值将增加到1.61mA/μg，是0.1V电位限制的1.92倍。催化活性的显著提高可能归因于Ag的氧化还原反应可以在−1.0~0.5V的正电位极限下引发，并且在氧化还原反应中形成的Ag氧化物可以大大提高Pt_xAg_y合金的甲醇催化氧化性能。Ag氧化物对甲醇催化氧化的促进作用可能是由于痕量Ag氧化物原子包裹在Pt_xAg_y合金中的活性Pt原子周围，并且可能在去除吸附在Pt上的中间体CO毒化物质的反应中起到重要作用，然后释放出活性Pt位点，Pt和Ag氧化物之间的双功能效应导致甲醇催化氧化活性显著提高[186]。

为进一步验证Ag氧化物对Pt_xAg_y合金甲醇氧化性能的促进作用，采用连续循环伏安技术测试$Pt_{52}Ag_{48}$催化剂在不同电位极限下的甲醇催化氧化活性。对于−1.0~0.5V的电位极限区间，$Pt_{52}Ag_{48}$催化剂在0.5mol/L KOH溶液中进行循环伏安50次循环，直到电极稳定，然后在0.5mol/L KOH+2mol/L CH_3OH中测试连续循环伏安曲线。相同的操作在−1.0~0.1V的电位极限区间也进行测试。如图4-35(a)所示，当电位极限区间为−1.0~0.5V时，$Pt_{52}Ag_{48}$ NTs的峰值电流从第1个循环到第5个循环增加。直到第10个循环后，峰值电流趋于稳定，不再增加。相反，当电位极限区间为−1.0~0.1V范围内时，峰值电流不断降低，如图4-35(b)所示。第50个循环的峰值电流（0.84mA/μg）仅为第1个循环（1.25mA/μg）的67.2%。在−1.0~0.1V的电位极限条件下，甲醇氧化过程中Ag的氧化还原反应难以发生，吸附在Pt原子表面的中间体CO类物质不能立即去除。因此，

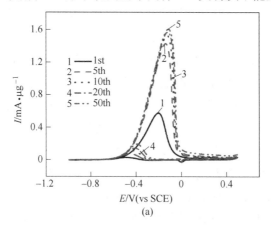

(a)

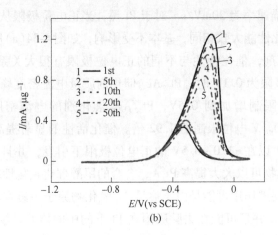

图 4-35　$Pt_{52}Ag_{48}$ 催化剂在 0.5mol/L KOH+2mol/L CH_3OH 电解液中不同
电位极限区间的连续循环伏安曲线

(电位极限区间：-1.0~0.5V，-1.0~0.1V；扫描速率 20mV/s)

甲醇催化氧化的催化性能会逐渐下降，表明 Ag 对 Pt_xAg_y 合金的甲醇催化氧化活性的提高主要是通过氧化还原反应过程中 Ag 氧化物的形成来实现的，Ag 的促进作用强烈依赖于循环伏安电位极限的选择。

4.4　本章小结

本章在 KNO_3-$LiNO_3$ 无机离子液体系中制备了凹面结构的 Pt、PtPd 和 Pt_xCu_y 纳米粒子及 Pt_xAg_y 合金纳米空心结构，制备过程中没有使用任何有机溶剂和表面活性剂。对凹面结构铂纳米粒子的甲醇电化学催化、抗 CO 毒化能力，Pt_xCu_y 合金纳米粒子甲醇、甲酸电化学催化性能，Pt_xAg_y 合金纳米粒子甲醇、甲酸电化学催化性能，以及 Ag 对合金催化性能的促进作用进行研究，得出以下结论：

(1) 以 $Pt(NH_3)_4C_2O_4$ 为前驱体制备了凹面结构 Pt 纳米粒子，SEM 和 TEM 结果表明制备的 Pt 纳米粒子的平均尺寸约为 (55.9±7.5)nm，几乎所有的纳米颗粒中心都有一个不规则的凹坑，纳米粒子边缘有大量原子台阶和高指数面 (553) 和 (221)。对其形成过程的研究结果表明其形成机理为气泡做软模板，前驱体浓度、反应温度，以及 KOH 或 NaOH 强碱的加入对反应影响很大，改变前驱体草酸四氨合铂的还原方式 (CO 气体还原法) 对产物形貌影响很小。CO 电化学脱除性能测试结果表明凹面结构 Pt 纳米粒子具有高的抗 CO 毒化性能，这可归因于凹面结构 Pt 纳米粒子表面大量的原子台阶和高指数面。

（2）改变前躯体种类分别制备了凹面结构的 PtPd 和 Pt_xCu_y 合金纳米粒子，以及 Pt_xAg_y 合金纳米空心结构，采用 SEM、TEM、XRD 和 EDX 等对产物进行了表征，研究了产物的形成过程，表明凹面结构纳米粒子的形成机理均为以原位生成的气泡为模板，而 Pt_xAg_y 合金纳米管结构的形成则可归因于柯肯达尔效应导致的合金中两种组元的互相扩散。对凹面结构 Pt_xCu_y 合金纳米粒子的甲醇和甲酸电化学催化氧化性能进行了测试，结果表明不同组分的碳载 Pt_xCu_y 合金对甲醇和甲酸氧化的电化学催化能力均明显优于市售 Pt/C 催化剂，其中 $Pt_{74}Cu_{26}$/C 具有最高的甲醇和甲酸电化学催化氧化能力。

（3）在不使用任何有机溶剂或封端剂的情况下制备了蠕虫状 PtAg 纳米管。电催化氧化甲醇和甲酸结果表明：相比于市售 Pt 黑和所有 PtPd 合金催化剂，在甲醇催化氧化中 $Pt_{52}Ag_{48}$ 催化剂、在甲酸催化氧化中 $Pt_{86}Ag_{14}$ 催化剂分别具有最佳的催化活性。

（4）Pt_xAg_y 合金表层中的 Ag 元素可以大大提高催化剂在碱性电解液中的催化性能。$Pt_{52}Ag_{48}$ 合金纳米管对甲醇的电催化氧化活性比市售 Pt 黑更高，催化性能的提升归功于 Ag 在电催化过程中的氧化还原过程所产生的 Ag 的氧化物，而且 Ag 的促进作用取决于循环伏安电位极限的选择。

5 两种无机离子液体系中产物生长机制的讨论

在无机离子液 KOH-NaOH 和 KNO$_3$-LiNO$_3$ 中可以不借助于添加有机保护剂和有机溶剂来实现贵金属纳米材料的形态控制合成。进一步对贵金属纳米粒子的生长机制以及各实验参数对纳米粒子生长的影响规律进行分析研究,对今后该体系的发展和应用意义重大。

5.1 离子壳层的保护作用

传统合成体系中(如水、油及其混合体系等)表面活性剂或结构导向剂对产物的结构形貌调控至关重要,表面活性剂既可以防止生成的纳米粒子互相团聚长大,也可以通过在特定晶面上的吸附,或者生成胶束等来影响产物的形貌。而在无机离子液体系中,由于没有添加任何有机保护剂和有机溶剂,生成的纳米粒子的稳定性必须依靠体系本身的特性得以保证。

有机离子液中,由于其本身的离子特性,具有高介电常数及高溶液极性的特点,可以在纳米粒子表面形成离子壳层[187],并且壳层离子通过氢键的相互作用会形成网状结构,这是使贵金属纳米颗粒在有机离子液体中保持稳定的主要原因[188]。在无机离子液体系中,推测与有机离子液体相似,阴阳离子会在贵金属纳米粒子周围形成稳定的离子壳层(见图 5-1),壳层离子之间通过静电相互作用形成网状结构,可对纳米颗粒起到良好的保护作用,而晶粒的各向异性生长或取向聚集则需要对离子壳层在晶粒表面的分布、纳米粒子的前躯体还原、形核和生长过程的热力学和动力学进行调控。

两种无机离子液 KOH-NaOH 和 KNO$_3$-LiNO$_3$ 体系中对纳米粒子的保护机制都可以归因于离子壳层的存在,实验中尝试加入少量多聚磷酸钠 STPP 调节离子壳层在晶粒表面的分布,从而实现了对多孔 Pt 纳米片中孔密度和孔尺寸的可控制备。下一步的工作可以通过添加微量的无机添加剂(具有晶面选择吸附特性的离子,如 I$^-$、Br$^-$ 等)改变晶粒表面"离子壳层"的分布状态,进而实现对其生长过程的控制。

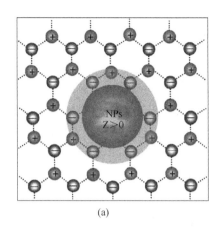 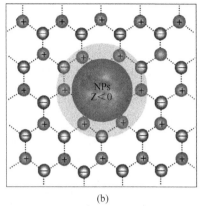

图 5-1 纳米粒子受到离子壳层保护而稳定存在的示意图
(a) 纳米粒子带正电荷;(b) 纳米粒子带负电荷
(环状部分为离子壳层,虚线表示阴阳离子间的静电作用)

5.2 前躯体的还原

两种无机离子液 KOH-NaOH 和 KNO_3-$LiNO_3$ 都是通过贵金属前躯体的热分解得到产物,在热分解过程中碱的存在很重要,对于 KOH-NaOH 强碱性体系不需要加任何助剂,而 KNO_3-$LiNO_3$ 体系则必须加入少量强碱助剂热分解反应才能发生,所以根本上两个体系都是靠碱促进前躯体热分解。这种碱性体系不利于制备那些容易被碱腐蚀的贱金属,通常只能得到其氧化物,例如,在 KOH-NaOH 体系中只得到了 Pt 纳米片、Pt 纳米花和 PtPd 纳米片,对于铂与贱金属(Cu、Fe、Co、Ni 等)合金没有制备成功;在 KNO_3-$LiNO_3$ 体系中得到了凹面结构的 Pt、PtPd、PtCu 纳米粒子和 PtAg 纳米管,在对凹面结构铂铜合金制备中,前躯体草酸四铵合铂热分解产物氨气充当了氧化态铜的还原剂,同时 Pt 通过合金化反应对 Cu 起到了稳定作用,从而得到了 PtCu 合金。要实现在 KNO_3-$LiNO_3$ 体系中制备 Pt 与贱金属的合金,不能采用加碱热分解的方法,需要保持体系的中性,采用其他还原前躯体的方法,如通入 CO、H_2 或加入 $NaBH_4$(硼氢化钠)等强还原剂来还原前躯体。

同时针对合金纳米粒子,还需要考虑具有不同还原电势的两种或多种前躯体还原反应的动力学问题。需要考察前躯体的种类(前躯体中金属离子是否具有相近的还原电势)、还原剂种类(是否能使不同前躯体快速还原释放金属原子)、温度(是否有利于促进异质金属原子在纳米颗粒内部的扩散)等关键因素的影响。

5.3 气泡做软模板

通过对两种无机离子液 KOH-NaOH 和 KNO$_3$-LiNO$_3$ 体系中制备过程的机理进行分析,以 Pt 纳米片和凹面结构铂纳米粒子为例,发现两种产物均以原位生成的气泡为模板,反应产生的气泡稳定存在于体系中成为模板,金属原子沉积到气-液界面上,通过奥斯特瓦尔德熟化生长成为壳层结构。当气泡破裂后,大多壳层会破裂,形成片状结构或者具有凹面的纳米粒子,产物的形貌取决于壳层结构的薄厚。产物中 Pt 纳米片与 Pt 空心球的共存,以及在制备凹面结构 Pt 纳米粒子时反应初期观察到的不规则的孔洞和环状连在一起的壳层结构,等实验结果均证实了气泡模板机理。

虽然 Pt 纳米片和凹面结构 Pt 纳米粒子的制备都是气泡模板机理,但形貌却相差很大,这主要归因于各实验参数对纳米粒子的前驱体还原、形核和生长过程的作用。在制备过程中影响前驱体还原速度和形核速率的因素主要有两个,分别是碱性的大小和反应温度,在生长过程中影响晶体生长的主要是反应温度。

在 KOH-NaOH 体系中,碱性极强,180℃下会促使 Pt(acac)$_2$ 迅速分解生成 Pt^0,单位时间内形核较多,晶粒不会长得太大,后续的生长过程中将温度提高到了 200℃,分解速度和形核速度都快速增加,可以进一步防止晶体长成较厚的产物,得到小尺寸的晶体,从而在气泡周围形成较薄的壳层结构。大部分气泡最后会破裂,得到了平均厚度为 10nm 的 Pt 纳米片和平均直径为 2μm 的空心球的混合产物。改变反应温度对 Pt 纳米片的形成影响很大,如果一直保持在 180℃下反应,形核速率较慢,会导致气泡周围形成较厚的壳层结构,最终产物由不规则的厚片和厚度为 66nm 左右的空心球组成。如果将反应一直保持在 200℃下反应,由于形核速度和气体生成速度同时加快,气泡很难稳定存在,不能形成模板,最终体系中分散的晶核互相团聚在一起形成实心的球形纳米颗粒。

在 KNO$_3$-LiNO$_3$ 体系中,因为加入少量碱,所以体系的碱性较弱,反应温度一直保持在 180℃。较低温度和弱碱性会使前驱体的热分解速度变小,单位时间内形核较少,后续晶体生长过程中可以提供生长的晶种较少,导致在气泡周围形成很厚的壳层结构,最终气泡破裂,得到了具有一定曲率的凹面结构。这种情况类似于 180℃下 NaOH-KOH 体系中生成的厚纳米片,但是由于 KNO$_3$-LiNO$_3$ 体系的弱碱性,使其形核速率进一步降低,在气泡周围形成的壳层结构长得更厚,最终得到了凹面结构纳米粒子而不是纳米片。

综上所述,两种无机离子液 KOH-NaOH 和 KNO$_3$-LiNO$_3$ 体系中制备纳米材料均以原位生成的气泡为模板,制备过程中的实验参数如碱性强弱和反应温度,对纳米粒子的前躯体还原速度、形核速率和晶体生长过程的影响很大,通过实验参数的调节可以实现对晶体形核和生长过程的热力学和动力学控制,从而得到预期的产物。

5.4 本章小结

本章对贵金属纳米粒子在两种无机离子液 KOH-NaOH 和 KNO_3-$LiNO_3$ 中的生长机制,以及各实验参数对纳米粒子生长的影响规律进行了分析研究,提出了离子壳层保护机制,认为在无机离子液体系纳米粒子可以稳定存在的原因是壳层离子之间,通过静电相互作用形成的网状结构对纳米颗粒起到了良好的保护作用。制备过程中前躯体浓度、碱性强弱和反应温度等对纳米粒子的前躯体还原速度、形核速率和晶体生长过程的影响很大,通过对实验参数的调节可以实现对晶体形核和生长过程的热力学和动力学控制。

6 铂-金-银三元合金的制备及性能研究

6.1 概 述

贵金属合金因其在光学、催化、生物和微电子等领域具有重要的应用,近年来越来越受到重视[189],其中铂及铂基合金作为重要的工业催化剂,广泛应用于工业生产和燃料电池中[190]。为了解决单金属铂做催化剂价格昂贵和易毒化的问题,人们尝试采用较便宜的3d过渡金属元素来部分取代铂元素,从而制备出铂基二元、三元,以及多元合金来降低催化剂的生产成本,提高了抗催化毒化能力,因此,制备具有特定尺寸、形貌的铂基贵金属合金纳米粒子是今后研究的必然趋势[120]。

由于不同金属离子的还原电位不同,在合金纳米粒子的合成过程中,需要控制不同种类离子的还原速率。因此,合金纳米粒子合成条件比单质金属纳米粒子更为苛刻。比如,需要在反应体系中加入强还原剂(如$NaBH_4$,$LiBEt_3H$,TBAB等),或在高温条件下,尽可能使不同种类的金属离子能够同时被还原,形成合金粒子。目前二元铂基合金的制备取得较大进展,例如Pt_3Ni[61]、PtAg[63]、PtCu[70]、PtPb[73]、PtPd[79]、PtFe[191]等二元铂基合金均可以采用在液相中共还原金属离子得到。对于三元铂基合金的制备来说,由于还原电位的差距,同时控制三种离子还原速度难度较大,通常可以得到金属间化合物或者核壳结构的合金[192]。Singh等人[193]将$H_2PtCl_6 \cdot 6H_2O$、$HAuCl_4 \cdot 3H_2O$、$SnCl_2 \cdot 2H_2O$和活性炭分散在去离子水中,加入$NaBH_4$反应30min,然后在100℃下回流2h,得到PtAuSn/C三元合金。Cunha等人[194]首先制备了Pt、Ru和Sn的有机树脂聚合物前驱体,通过控制升温速度,得到PtSnRu/C合金催化剂。Wang等人[195]采用两步法制备了核壳结构的PdCu@Pt/C催化剂。综上所述,实现具有特定形貌、尺寸、组成和结构的三元铂基合金纳米材料的可控制备具有重要的研究意义。

本章首先利用液相化学共还原法制备了不同组成的金-银二元合金纳米胶体,然后以二元合金Ag_4Au为前驱体,利用银和铂离子之间的置换反应制备了一系列铂含量不同的铂-银-金三元合金纳米胶体,对产物进行了紫外吸收光谱、TEM和HRTEM表征,结果表明产物为均相三元合金,合金产物胶体颗粒分布均匀。

6.2 试 验 过 程

6.2.1 药品和仪器

药品：氯金酸（$HAuCl_4 \cdot 3H_2O$，AR，贵研铂业股份有限公司）；氯铂酸（$H_2PtCl_6 \cdot 6H_2O$，AR，贵研铂业股份有限公司）；硝酸银（$AgNO_3$，AR，国药集团化学试剂有限公司）；硼氢化钠（$NaBH_4$，AR，天津市福晨化学试剂厂）；柠檬酸钠（$C_6H_5Na_3O$，AR，天津福晨化学试剂厂）。

仪器：紫外吸收分光光度计（Hitachi U-4100，日本日立公司）；透射电镜（JEM-2100，日本电子株式会社）。

6.2.2 金-银二元合金纳米胶体的制备

以硝酸银与氯金酸作为反应物，硼氢化钠为还原剂，在加热沸腾回流条件下利用化学还原法制备金-银二元纳米合金胶体，添加柠檬酸钠作为分散剂，以防止生成的合金颗粒团聚。具体步骤如下。

（1）在三颈烧瓶中加入 94.5mL 去离子水，磁力搅拌下置于 120℃ 油浴中加热回流，待三颈烧瓶中的水开始沸腾，向其中加入一定量的 5mmol/L 硝酸银溶液，之后逐滴加入一定量的 5mmol/L 氯金酸溶液。

（2）等待反应溶液重新沸腾后向其中加入 100mmol/L 柠檬酸钠溶液 0.5mL，之后立刻加入适量硼氢化钠溶液（0℃配制）。

（3）反应 30min，冷却后取样，即得到金-银二元合金纳米胶体。

（4）在反应结束后要至少静置 24h，使其中的硼氢化钠完全分解，然后才可以用来制备三元合金。

（5）硝酸银和氯金酸的投加量按照所制合金中元素物质量比例投加，实验制备了 Ag、Ag_4Au、Ag_3Au_2、Ag_2Au_3、$AgAu_4$ 和 Au 6 种胶体，合金胶体在 2 个月内稳定存在。

6.2.3 铂-银-金三元合金纳米胶体的制备

以制备得到的金-银二元合金 Ag_4Au 为起始反应物，加入氯铂酸，利用银和铂离子之间的置换反应制备出铂-银-金三元合金纳米胶体。在强磁力搅拌下加入不同量的 5mmol/L 的氯铂酸溶液，置换反应在 10min 内结束，继续室温下搅拌 12h 以上，保证反应充分完成得到不同组分的铂-银-金三元合金纳米胶体。实验

制备了 $PtAg_{12}Au_4$、$PtAg_4Au_2$ 和 $Pt_3Ag_4Au_4$ 三种铂基三元合金，当氯铂酸过量时可以得到 PtAu 二元合金，合金胶体在 2 个月内稳定存在。实验制备样品均采用 UV、TEM、HRTEM 进行表征。

6.3 结果与讨论

6.3.1 UV-Vis 表征结果

6.3.1.1 金-银二元合金的 UV-Vis 表征

对实验得到金-银二元合金纳米胶体溶液进行紫外吸收光谱检测，结果如图 6-1 所示。由图 6-1(a)可知，所制备产物 Ag、Ag_4Au、Ag_3Au_2、Ag_2Au_3、$AgAu_4$ 和 Au 最大吸收峰位分别为 386nm、424nm、445nm、458nm、507nm 和 530nm，金银二元合金纳米胶体最大吸收峰位介于 Au 和 Ag 的最大吸收峰之间且仅有一个吸收峰，不同于金银简单混合所表现的 UV-Vis 特征，也不同于文献报道[196]的核壳纳米粒子，说明产物为二元合金[197]。实验观察发现，不同比例金-银二元合金纳米胶体溶液颜色随着 Ag 含量的不断减小，由浅黄色渐变为酒红色。纯银胶体为浅黄色，纯金胶体为酒红色，这是由于胶体的颜色会随着粒子的尺寸和形貌的改变而变化。这种颜色的出现是纳米粒子中导带电子受到入射激光的激发产生集体震荡的结果，并形成表面等离子体共振吸收带（SPR）。由图 6-1(a) 和(b) 可以看出，二元合金最大吸收峰位置随 Au 物质的量分数增大而红移，并且呈线性关系，线性方程为：

$$Y = 399.23 + 125.14X, \quad R^2 = 0.986 \tag{6-1}$$

式中　　X——金-银合金中 Au 的摩尔分数；

　　　　Y——金-银合金最大吸收峰对应波长。

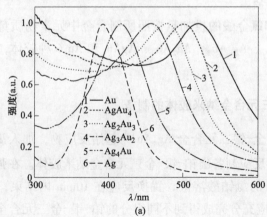

(a)

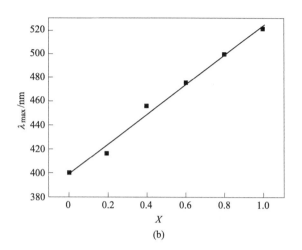

图 6-1 金-银二元合金纳米胶体溶液紫外吸收光谱检测
(a) 金-银二元合金纳米胶体溶液紫外吸收光谱结果(已归一化);
(b) 二元合金最大吸收峰波长随合金中 Au 摩尔分数的变化

式 (6-1) 与有关金银合成的文献相吻合,从而证明产物为合金胶体[197,198]。同时可以利用此线性关系定量检测合金胶体中 Au 的含量。

6.3.1.2 铂-银-金三元合金的 UV-Vis 表征

对实验得到铂-银-金三元合金纳米胶体溶液进行紫外吸收光谱检测,结果如图 6-2 所示。由图 6-2(a) 可知,所制备三元合金胶体最大吸收峰位介于 Ag_4Au(414nm) 和 PtAu(436nm) 的最大吸收峰之间且仅有一个吸收峰,不同于简单混合所表现的 UV-Vis 特征,说明产物为均相三元合金。由图 6-2(a) 和 (b) 可以看出,三元合金最大吸收峰位置随 Pt 物质的量分数 Pt/(Pt+Au) 增大而红移,并且呈线性关系,线性方程为:

$$Y = 414.19 + 46.54X, \quad R^2 = 0.992 \quad (6-2)$$

式中 X——铂-银-金三元合金中 Pt/(Pt+Au) 物质的量比;

Y——铂-银-金三元合金最大吸收峰对应波长。

由式 (6-2) 可同样利用此线性关系定量检测三元合金胶体中 Pt 的含量。

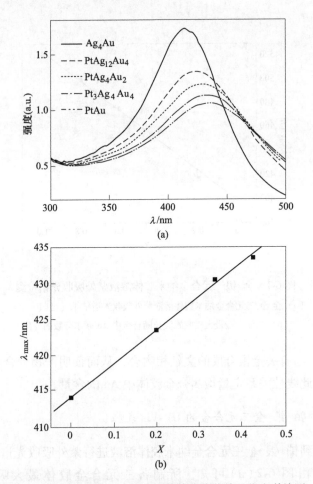

图 6-2 铂-银-金三元合金纳米胶体溶液紫外吸收光谱检测
(a) 铂-银-金三元合金纳米胶体溶液紫外吸收光谱结果；(b) 三元合金最大吸收峰波长随合金中 Pt 摩尔分数变化

6.3.2 TEM 表征结果

6.3.2.1 粒径分布

对置换反应前的二元合金 Ag_4Au 以及置换产物铂基三元合金 $PtAg_{12}Au_4$、$PtAg_4Au_2$，氯铂酸过量反应得到的二元 PtAu 合金分别进行了 TEM 表征，并对产物的粒径分布进行统计（300 个粒子），结果如图 6-3 所示。由图 6-3 可知，制备得到的合金产物 Ag_4Au、$PtAg_{12}Au_4$、$PtAg_4Au_2$ 和 PtAu 胶体颗粒均匀，基本无团聚现象，平均粒径 D 分别为 (7.91±2.13)nm、(8.52±2.82)nm、(9.67±3.38)nm

和 (7.94±1.76)nm。随着氯铂酸加入量的增多，生成的三元合金中 Pt 含量增多，胶体颗粒呈缓慢增大趋势，但当置换反应进行完全时，颗粒尺寸又减小恢复到二元合金最初的大小。

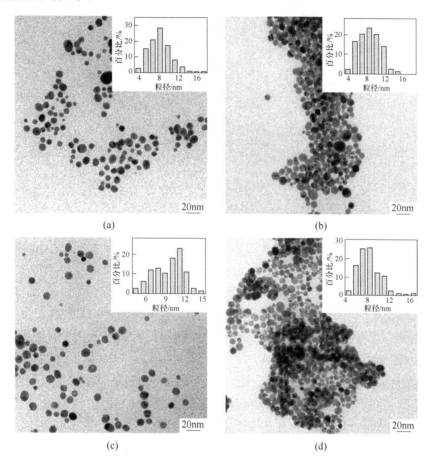

图 6-3　铂-银-金三元合金 TEM 图

(a) Ag_4Au；(b) $PtAg_{12}Au_4$；(c) $PtAg_4Au_2$；(d) PtAu

（插图为对应合金的粒径分布图）

6.3.2.2　HRTEM 结果

对三元合金 $PtAg_{12}Au_4$ 进行了 HRTEM 表征，结果如图 6-4 所示。HRTEM 结果可以看出三元合金中有(111)和(200)晶面出现，分别对应的晶面间距值为 0.232nm 和 0.204nm。每个单个的粒子一般只有一种晶面出现，结晶性较好，但个别晶粒出现了较大缺陷，推测可能为氯铂酸置换银破坏晶格所致。

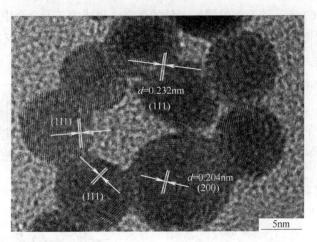

图 6-4　铂-银-金三元合金 $PtAg_{12}Au_4$ 的 HRTEM 图

6.4　本章小结

利用共还原法,以硝酸银、氯金酸为反应物,柠檬酸钠作为保护剂,硼氢化钠作为还原剂,在沸腾回流条件下,制备了金-银二元合金纳米胶体。以制备得到的金-银二元合金纳米胶体为起始反应物,利用银和铂离子之间的置换反应制备出铂-银-金三元合金纳米胶体。

紫外吸收光谱测试结果表明,铂-银-金三元合金纳米胶体为均相三元合金,不是金属之间简单的混合,三元合金最大吸收峰位置随 Pt 物质的量分数 $Pt/(Pt+Au)$ 增大而红移,并且呈线性关系。

TEM 结果表明,合金产物胶体颗粒分布均匀,基本无团聚现象,平均粒径为 8~10nm。随着氯铂酸加入量的增多,生成的三元合金中 Pt 含量增多,胶体颗粒呈缓慢增大趋势,但当置换反应进行完全时,颗粒尺寸又减小到二元合金最初的大小。铂基三元合金 $PtAg_{12}Au_4$ 的 HRTEM 结果中出现的晶面间距 0.232nm 和 0.204nm 分别对应于合金的(111)和(200)晶面。

7 Cu@Ag核壳结构纳米材料的制备及其电催化还原二氧化碳性能研究

7.1 概 述

在开发二氧化碳电催化还原催化剂的研究中，为了实现C^{2+}产物的高效率生成，可以通过在Cu纳米催化剂表面生长Ag纳米壳层来实现。这种类似的方法已经在CuPd、CuAg、CuAu和PdAu系统中证明有效[199-205]。贵金属可用于增加铜和贵金属形成合金的活性位点上吸附的一氧化碳物质(CO^*)的局部浓度，从而有助于电催化的进行。为了降低成本，设计核壳纳米粒子是有利的，其核由Cu纳米粒子充当，表面壳层由其他金属或合金构成。

在壳层元素的选择中，银具有良好的导电性，对CO_2电还原具有强催化活性，并且具有好的电化学稳定性。此外，Ag比大多数贵金属（如Pt、Pd、Au）便宜，并且与Cu可以形成合金。因此，Cu@Ag核壳纳米颗粒催化剂是当前二氧化碳电催化剂研制的热点。然而，Cu在大多数溶剂中具有活性并且容易氧化，制备均匀且稳定的薄Ag壳也很难控制。

本章提出了一种用于生长铜-银核壳纳米粒子(Cu@Ag NPs)的溶液相合成方法[151]。在油胺体系中通过控制铜核大小及银壳厚度生长的两步法，成功制备了几种尺寸可调节的Cu@Ag核壳双金属球状纳米粒子。当Cu@Ag NPs(6.7nm±0.7nm)的银壳层约为0.1nm，在-2.50V时C^{2+}产物的CO_2电催化还原法拉第电流效率为43%，壳层厚度为0.3nm的Cu@Ag(10.0nm±1.6nm)催化剂在-2.50V时对C^{2+}产物的CO_2电催化还原法拉第电流效率为32%，表明Cu@Ag NPs中的Ag壳层对催化性能有较大影响。

7.2 实验部分

7.2.1 实验所需药品

丁胺（99%）、二甲基亚砜（DMSO ≥ 99.9%）、二苯醚（DPE，99%）、油

胺（OAm，70%）、油酸（OAc，90%）、四氢呋喃（THF≥99.0%），乙酰丙酮铜（Cu(acac)$_2$，99.99%）、三氟乙酸银（AgOCOCF$_3$，98%）、参比银电催化剂（Ag Ref.，<100nm，99.5%）、氢氧化钾（KOH，≥85%）、氘化水（D$_2$O）、己烷、异丙醇、甲醇、Nafion（w=5%）、活性炭（比面积为800m^2/g）、氧化铱（IrO$_2$，非水合物）、氩气（超高纯度）、二氧化碳（超高纯度）、一氧化碳（超高纯度）、氦气(99%)、氢气(99%)和氮气(99%)等。

7.2.2 铜纳米颗粒的制备

将26mg的乙酰丙酮铜（Cu(acac)$_2$）和适量二苯醚（DPE）加入装有9mL油胺（OAm）的三颈圆底烧瓶中置于100℃油浴中磁力搅拌混匀。将三颈烧瓶与可反复抽真空和充气的排气系统连接，抽气和排气循环6次以上，利用氩气（Ar）将溶剂和反应系统中的氧气（O$_2$）完全去除，以90mL/min的流速通入一氧化碳（CO）气体，通气15min后以10℃/6min的速度开始升温到220℃，升温过程中可以观察到反应体系随温度变化而呈现不同的颜色，由初始的浅绿色（Cu(acac)$_2$）逐渐变为棕褐色（Cu$_2$O）、黑色（CuO）直到酒红色（Cu），表明不同氧化态和尺寸的铜纳米粒子的生成。反应2h后，在CO气氛的保护下自然降温至30℃，得到第一步产物Cu核。

7.2.3 铜-银核壳纳米粒子的制备

将第一步产物Cu核在CO的保护下，置于30℃的油浴中继续磁力搅拌，保持CO流速90mL/min，采用蠕动注射泵将一定量溶解于油胺中的三氟乙酸银（AgCF$_3$COO）（5.5mg/5mL）以0.5mL/h的速度缓慢注入反应体系，继续反应1h，冷却至室温，离心分离得产物。将产物利用环己烷和乙醇混合溶剂进行洗涤，分散于环己烷中备用。

7.2.4 催化剂附载方法

Cu@Ag NPs以20%的总金属质量负载在活性炭上。通过热重分析确定含有Cu@Ag NPs的正己烷溶液的质量浓度约为1mg/mL。将10mg活性炭悬浮在正己烷（0.5mg/mL正己烷）中并超声处理30min。逐滴添加Cu@Ag核壳纳米粒子悬浮液，直到加入2min固体。再继续搅拌1h，超声1h，离心分离得固体。为了除去催化剂表面吸附的油胺分子，将催化剂分散于丁胺中，连续搅拌72h，进行表面长链分子置换[206,207]。离心分离，在室温下Ar气中干燥，得最终Cu@Ag/C电催化剂。

7.2.5 材料表征方法

7.2.5.1 形貌结构表征方法

使用 UV-3600 分光光度计进行紫外-可见吸收光谱（UV-Vis）；透射电子显微镜（TEM）在 200kV（JEOL 2100 Cryo）的加速电压下进行；扫描透射电子显微镜（STEM）在 300kV 的加速电压下进行；高角度环形暗场（HAADF）用于通过能量色散光谱（EDS）进行元素成像；粉末 X 射线衍射分析晶体结构，测量在 20°~80°之间以 0.01°/s 的速率进行。使用 Al K_α X 射线源在 Kratos Axis ULTRA 上进行 X 射线光电子能谱（XPS）。

7.2.5.2 催化性能表征方法

A 催化剂电极的制备

在碳气体扩散层上手动涂覆催化剂来制备阴极。将 2mg Cu@Ag NP/C 催化剂与 THF(200μL)、IPA(200μL) 和 Nafion(5.2μL) 混合，超声处理 20min。催化剂混合液以 1.0mg/cm² 的负载量逐滴沉积在阴极上。阳极材料 IrO_2 通过相同的方法喷涂沉积，负载量为 1.0mg/cm²[208]。

B 电化学测试

采用碱性电解池测试催化剂的 CO_2 电催化还原性能。电解液为 1mol/L KOH(pH=13.54)，电解池连接 CO_2 进料、电解质泵、恒电位仪、万用表和气相色谱仪(GC，Thermo Finnigan Trace GC)。首先施加-1.75V 的电池电位 200s 以平衡和稳定电流。然后启动 GC 程序进行第一次进样，并从阴极液中手动收集液体样品。此时记录电流、阴极电位和阳极电位。每次注射间隔为 1min。电池运行约 5min，GC 可收集三个样品。在 GC 完成对给定电池电位所有进样的分析后，改变电池电位，依次测试 7 个预定电池电位（-1.75V、-2.00V、-2.25V、-2.50V、-2.75V、-3.00V 和-3.50V）。

所有气相产物的检测均采用 GC 进行测量，热导检测器（TCD）用于测量 CO、H_2 和 CO_2 的气体浓度，而火焰离子化检测器（FID）测量 CH_4 和 C_2H_4 的浓度。从阴极液流出物中收集液体产物并使用核磁共振（NMR）光谱进行液体产物种类和浓度的测试。这些数据用于确定总反应的法拉第电解效率 FE 和每种产品在不同电池电位下的 FE。

7.3 结果与讨论

7.3.1 相同 Cu 核大小和不同 Ag 壳厚度 Cu@Ag 的制备及表征

通过两步法[151],控制二苯醚的用量制备了(6.5±0.7)nm 的 Cu 核,然后在银壳制备过程中加入一定量三氟乙酸银前驱体,得到尺寸分别为 (6.8±0.8) nm、(7.6±0.9)nm、(8.4±0.7)nm 的 Cu@Ag 核壳球状纳米粒子(见图 7-1),可见在相同大小的铜核表面控制加入的银前驱体的量可以制得不同厚度的银壳。由图 7-2(a)紫外可见光谱(UV)测试结果可知,随着具有相同 Cu 核大小的 Ag 壳厚度的增加,紫外吸收图谱中 Ag 的特征吸收峰(约 410nm)强度也在快速增大,两者变化趋势吻合。图 7-2(b)为铜核和 Cu@Ag 核壳结构纳米粒子的 XRD 谱图,

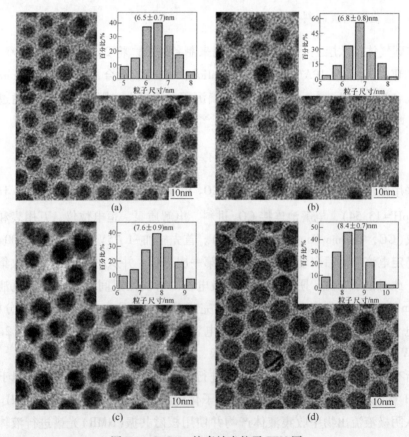

图 7-1 Cu@Ag 核壳纳米粒子 TEM 图

(a) 采用两步法制备的 Cu 核;(b) 加入 Ag 前驱体 1h;(c) 加入 Ag 前驱体 3h;(d) 加入 Ag 前驱体 10h

结果表明产物为 Cu 和 Ag 单金属的复合,而非 CuAg 合金,这与紫外谱图出现两个分立的特征峰相符合。图 7-3 为 (8.4±0.7)nm 的 Cu@Ag 核壳球状纳米粒子元素分布图,从图中也可以清晰看到铜银两种元素在 Cu@Ag 核壳结构纳米粒子的分布情况,银在铜纳米粒子表面包覆,形成核壳结构。

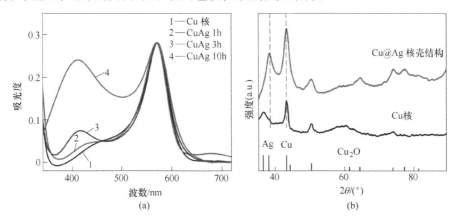

图 7-2 采用两步法制备的 Cu 核以及加入 Ag 前驱体随时间的改变(a)和 Cu@Ag 核壳结构 XRD 谱图(b)

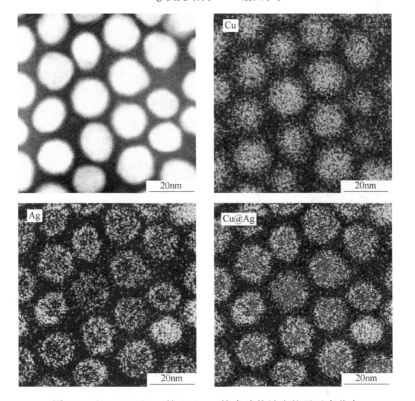

图 7-3 (8.4±0.7)nm 的 Cu@Ag 核壳球状纳米粒子元素分布

7.3.2 不同大小 Cu 核和不同 Ag 壳厚度 Cu@Ag 的制备及表征

采用两步法,控制二苯醚的用量分别为 0、90μL、180μL,首先制备尺寸分别为 (9.3±1.6)nm、(6.5±0.7)nm 和 (6.4±0.6)nm 的 Cu 核,然后在银壳制备过程中加入相同量三氟乙酸银前驱体,制备了尺寸分别为 (10.0±1.6)nm、(8.4±0.7)nm 和 (6.7±0.6)nm 的 Cu@Ag 核壳球状纳米粒子,如图 7-4 所示。由于 Cu 核大小

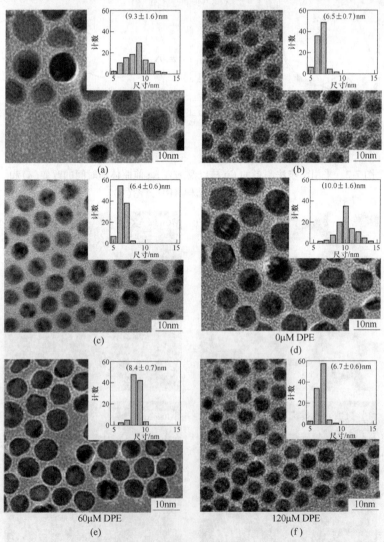

图 7-4 采用两步法制备的不同大小 Cu 核及加入相同 Ag 前驱体
得到的 Cu@Ag 核壳纳米粒子 TEM 图
(a)~(c) Cu 核;(d)~(f) Cu@Ag 核壳纳米粒子

不同,而 Ag 引入量不变,导致 Ag 壳厚度也不同。进一步也可以通过控制 Ag 引入量,得到不同大小 Cu 核,相同 Ag 壳厚度的 Cu@Ag 核壳球状纳米粒子。

比较图 7-4(c)和(f)可知,(6.7±0.6)nm 的核壳球状纳米粒子的 Cu 核和产物尺寸相差 0.3nm,壳层厚度大约 0.15nm 小于 Ag 的原子半径,表明 Ag 壳层小于单层覆盖,将该尺寸催化剂命名为 Cu@Ag$_{0.1nm}$;由图 7-4(a)和(d)可知,(10.0±1.6)nm 的 Cu@Ag 核壳球状纳米粒子的 Cu 核和产物尺寸相差 0.7nm,壳层厚度大约 0.35nm,表明 Ag 壳层厚度大于单层覆盖,将该尺寸催化剂命名为 Cu@Ag$_{0.3nm}$。

7.3.3 Cu@Ag 核壳球状纳米粒子的二氧化碳电催化性能

进一步对不同 Ag 壳层厚度产物进行 CO_2 电还原催化试验(见图 7-5),当

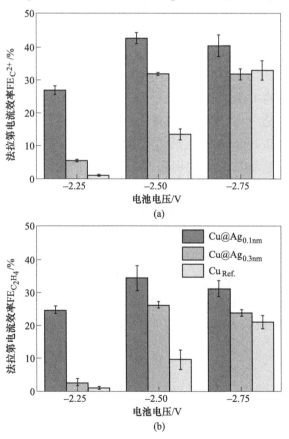

图 7-5 Ag 壳层厚度分别为 0.15nm(Cu@Ag$_{0.1nm}$)和 0.35nm(Cu@Ag$_{0.3nm}$)的法拉第效率
(a)多碳物质;(b)乙烯

Cu@Ag NPs(6.7nm±0.6nm)的银壳层约为 0.1nm,在-2.50V 时 C^{2+}产物的 CO_2 电催化还原法拉第电流效率为 43%,壳层厚度为 0.3nm 的 Cu@Ag(10.0±1.6)nm 催化剂在-2.50V 时对 C^{2+}产物的 CO_2 电催化还原法拉第电流效率为 32%,表明 Cu@Ag NPs 中的 Ag 壳层对催化性能有较大影响。在较低的电池电压下 Ag 壳层厚度为 0.15nm 的催化剂的电催化产物多碳物质和乙烯的法拉第效率均高于 Ag 壳层厚度为 0.35nm 的催化剂,且远高于纯铜核催化剂。这些初步的研究结果表明,Cu 核大小的改变和 Ag 壳层厚度的变化必将导致核壳层间电子结构的改变,从而可以调控活性位点对反应物、反应中间体或产物的吸附自由能,增加高附加值多碳产物的产出率。

7.4 本章小结

本章提出了一种在油胺体系中通过控制铜核大小及银壳厚度生长的两步法制备铜-银核壳纳米粒子,成功制备了相同 Cu 核大小、不同 Ag 壳厚度 Cu@Ag 核壳球状纳米粒子和不同大小 Cu 核、不同 Ag 壳厚度 Cu@Ag 核壳球状纳米粒子,进一步改变制备条件有望实现不同大小 Cu 核、相同 Ag 壳厚度 Cu@Ag 核壳球状纳米粒子的制备。进一步二氧化碳电催化性能测试结果表明,在较低的电池电压下 Ag 壳层厚度为 0.15nm 的催化剂的电催化产物多碳物质和乙烯的法拉第效率均高于 Ag 壳层厚度为 0.35nm 的催化剂,且远高于纯铜核催化剂。这些初步的研究结果表明,Cu 核大小的改变和 Ag 壳层厚度的变化必将导致核壳层间电子结构的改变,从而可以调控活性位点对反应物、反应中间体或产物的吸附自由能,增加高附加值多碳产物的产出率。

本章的制备方法提供了一种基于两种不混溶金属结构的精细控制的新型 CO_2 电还原催化剂,可以通过设计双金属核壳纳米颗粒催化剂的表面来增强 C-C 耦合以实现二氧化碳的高效电催化还原,将温室气体二氧化碳转化为附加值高的产品,极大消耗二氧化碳,有利于我国早日实现碳达峰和碳中和的宏伟目标。

参 考 文 献

[1] Xia Y, Xiong Y, Lim B, et al. Shape-Controlled Synthesis of Metal Nanocrystals: Simple Chemistry Meets Complex Physics? [J]. Angew. Chem. Int. Ed., 2008, 48 (1): 60-103.

[2] Wang Z L. Characterizing the Structure and Properties of Individual Wire-like Nanoentities [J]. Adv. Mater., 2000, 12 (17): 1295-1298.

[3] Murray C, Kagan C, Bawendi M. Synthesis and Characterization of Monodisperse Nanocrystals and Close-packed Nanocrystal Assemblies [J]. Annu. Rev. Mater. Sci., 2000, 30 (1): 545-610.

[4] Sun Y, Xia Y. Shape-controlled Synthesis of Gold and Silver Nanoparticles [J]. Science, 2002, 298 (5601): 2176-2179.

[5] Zhao H, Yang L, Zhang Z, et al. The visible-light-drive Photo Cataly Tic Performance in H_2 Evolution for core-shell CN @ Cop Heterojunction [J]. Ceramics International, 2022.

[6] Lu L, Chen X, Huang X, et al. Revealing the Maximum Strength in Nanotwinned Copper [J]. Science, 2009, 323 (5914): 607-610.

[7] 丁秉钧, 王亚平, 宋小龙, 等. 纳米材料 [M]. 北京: 机械工业出版社, 2004.

[8] 周全法, 刘维桥, 尚通明. 贵金属纳米材料 [M]. 北京: 化学工业出版社, 2008.

[9] Bagotsky V S. Fuel cells: Problems and Solutions [M]. Wiley, 2012.

[10] O'hayre R, Cha S W, Colella W, et al. Fuel cell Fundamentals [M]. John Wiley & Sons New York, 2006.

[11] You H, Yang S, Ding B, et al. Synthesis of Colloidal Metal and Metal Alloy Nanoparticles for Electrochemical energy Applications [J]. Chem. Soc. Rev., 2013, 42 (7): 2880-2904.

[12] Zhang J, Sasaki K, Sutter E, et al. Stabilization of Platinum Oxygen-reduction Electrocatalysts Using Gold Clusters [J]. Science, 2007, 315 (5809): 220-222.

[13] Wang J X, Inada H, Wu L, et al. Oxygen Reduction on Well-Defined Core-shell Nanocatalysts: Particle Size, Facet, and Pt Shell Thickness Effects [J]. J. Am. Chem. Soc., 2009, 131 (47): 17298-17302.

[14] Lee S W, Chen S, Sheng W, et al. Roles of Surface Steps on Pt Nanoparticles in Electro-oxidation of Carbon Monoxide and Methanol [J]. J. Am. Chem. Soc., 2009, 131 (43): 15669-15677.

[15] Casado-Rivera E, Volpe D J, Alden L, et al. Electrocatalytic Activity of Ordered Intermetallic Phases for Fuel Cell Applications [J]. J. Am. Chem. Soc., 2004, 126 (12): 4043-4049.

[16] Stamenkovic V R, Fowler B, Mun B S, et al. Improved Oxygen Reduction Activity on Pt3Ni (111) via Increased Surface Site Availability [J]. Science, 2007, 315 (5811): 493-497.

[17] Chiu C Y, Li Y, Ruan L, et al. Platinum Nanocrystals Selectively Shaped Using Facet-specific

Peptide Sequences [J]. Nat. chem., 2011, 3 (5): 393-399.

[18] Chen J, Lim B, Lee E P, et al. Shape-controlled Synthesis of Platinum Nanocrystals for Catalytic and Electrocatalytic Applications [J]. Nano Today, 2009, 4 (1): 81-95.

[19] Ahmadi T S, Wang Z L, Green T C, et al. Shape-controlled Synthesis of Colloidal Platinum Nanoparticles [J]. Science, 1996: 1924-1925.

[20] Ahmadi T, Wang Z, Henglein A, et al. "Cubic" Colloidal Platinum Nanoparticles [J]. Chem. Mater., 1996, 8 (6): 1161-1163.

[21] Liang H W, Cao X, Zhou F, et al. A Free-standing Pt Nanowire Membrane as a Highly Stable Electrocatalyst for the Oxygen Reduction Reaction [J]. Adv. Mater., 2011, 23 (12): 1467-1471.

[22] Formo E, Lee E, Campbell D, et al. Functionalization of Electrospun TiO_2 Nanofibers with Pt Nanoparticles and Nanowires for Catalytic Applications [J]. Nano. Lett., 2008, 8 (2): 668-672.

[23] Kim H J, Kim Y S, Seo M H, et al. Pt and PtRh Nanowire Electrocatalysts for Cyclohexane-fueled Polymer Electrolyte Membrane Fuel Cell [J]. Electrochem Commun., 2009, 11 (2): 446-449.

[24] Lee E P, Peng Z, Cate D M, et al. Growing Pt Nanowires as a Densely Packed Array on Metal Gauze [J]. J. Am. Chem. Soc., 2007, 129 (35): 10634-10635.

[25] Zhou H, Zhou W, Adzic R R, et al. Enhanced Electrocatalytic Performance of One-dimensional Metal Nanowires and Arrays Generated via an Ambient, Surfactantless Synthesis [J]. J. Phys. Chem. C., 2009, 113 (14): 5460-5466.

[26] Koenigsmann C, Zhou W, Adzic R R, et al. Size-Dependent Enhancement of Electrocatalytic Performance in Relatively Defect-Free, Processed Ultrathin Platinum Nanowires [J]. Nano. Lett., 2010, 10 (8): 2806-2811.

[27] Sun S, Jaouen F, Dodelet J P. Controlled Growth of Pt Nanowires on Carbon Nanospheres and Their Enhanced Performance as Electrocatalysts in PEM Fuel Cells [J]. Adv. Mater., 2008, 20 (20): 3900-3904.

[28] Si F, Ma L, Liu C, et al. The Role of Anisotropic Structure and Its Aspect Ratio: High-loading Carbon Nanospheres Supported Pt Nanowires with High Performance Toward Methanol Electrooxidation [J]. RSC Advances, 2012, 2 (2): 401-403.

[29] Chen Z, Waje M, Li W, et al. Supportless Pt and PtPd Nanotubes as Electrocatalysts for Oxygen-reduction Reactions [J]. Angew. Chem. Int. Ed., 2007, 46 (22): 4060-4063.

[30] Liu L, Yoo S H, Park S. Synthesis of Vertically Aligned Hollow Platinum Nanotubes with Single Crystalline Nanoflakes [J]. Chem. Mater., 2010, 22 (8): 2681-2684.

[31] Zhao H, Wu J, You H, et al. In Situ Chemical Vapor Reaction in Molten Salts for Preparation of Platinum Nanosheets via Bubble Breakage [J]. J. Mater. Chem., 2012, 22 (24): 12046-12052.

[32] Kijima T, Nagatomo Y, Takemoto H, et al. Synthesis of Nanohole-structured Single-crystalline Platinum Nanosheets Using Surfactant Liquid Crystals and Their Electrochemical Characterization [J]. Adv. Funct. Mater., 2009, 19 (4): 545-553.

[33] Song Y, Steen W A, Peña D, et al. Foamlike Nanostructures Created from Dendritic Platinum Sheets on Liposomes [J]. Chem. Mater., 2006, 18 (9): 2335-2346.

[34] Song Y, Dorin R M, Garcia R M, et al. Synthesis of Platinum Nanowheels Using a Bicellar Template [J]. J. Am. Chem. Soc., 2008, 130 (38): 12602-12603.

[35] Wang H, Wang L, Sato T, et al. Synthesis of Mesoporous Pt Films with Tunable Pore Sizes from Aqueous Surfactant Solutions [J]. Chem. Mater., 2012, 24 (9): 1591-1598.

[36] Balan B K, Kurungot S. Highly Exposed and Activity Modulated Sandwich Type Pt Thin Layer Catalyst with Enhanced Utilization [J]. J. Mater. Chem., 2011, 21 (47): 19039-19048.

[37] Qu L, Dai L, Osawa E. Shape/size-controlled Syntheses of Metal Nanoparticles for Site-selective Modification of Carbon Nanotubes [J]. J. Am. Chem. Soc., 2006, 128 (16): 5523-5532.

[38] Lee H, Habas S E, Kweskin S, et al. Morphological Control of Catalytically Active Platinum Nanocrystals [J]. Angew. Chem. Int. Ed., 2006, 118 (46): 7988-7992.

[39] Ren J, Tilley R D. Shape-Controlled Growth of Platinum Nanoparticles [J]. Small, 2007, 3 (9): 1508-1512.

[40] Tian N, Zhou Z Y, Sun S G, et al. Synthesis of Tetrahexahedral Platinum Nanocrystals with High-index Facets and High Electro-oxidation Activity [J]. Science, 2007, 316 (5825): 732-735.

[41] Zhao H, Yang S, You H, et al. Synthesis of Surfactant-Free Pt Concave Nanoparticles in a Freshly-made or Recycled Molten Salt [J]. Green Chem., 2012, 14: 3197-3203.

[42] Ren J, Tilley R D. Preparation, Self-assembly, and Mechanistic Study of Highly Monodispersed Nanocubes [J]. J. Am. Chem. Soc., 2007, 129 (11): 3287-3291.

[43] Cheong S, Watt J, Ingham B, et al. In Situ and Ex-situ Studies of Platinum Nanocrystals: Growth and Evolution in Solution [J]. J. Am. Chem. Soc., 2009, 131 (40): 14590-14595.

[44] Huang X, Zhao Z, Fan J, et al. Amine-assisted Synthesis of Concave Polyhedral Platinum Nanocrystals Having {411} High-index Facets [J]. J. Am. Chem. Soc., 2011, 133 (13): 4718-4721.

[45] Wang X, Zhang Z, Hui J, et al. Glycine-mediated Syntheses of Pt Concave Nanocubes with High-index {hk0} Facets and Their Enhanced Electrocatalytic Activities [J]. Langmuir, 2012, 28: 14845-14848.

[46] Herricks T, Chen J, Xia Y. Polyol Synthesis of Platinum Nanoparticles: Control of Morphology with Sodium Nitrate [J]. Nano Lett., 2004, 4 (12): 2367-2371.

[47] Yu T, Kim D Y, Zhang H, et al. Platinum Concave Nanocubes with High-Index Facets and

Their Enhanced Activity for Oxygen Reduction Reaction [J]. Angew. Chem. Int. Ed., 2011, 50 (12): 2773-2777.

[48] Peng Z, You H, Wu J, et al. Electrochemical Synthesis and Catalytic Property of Sub-10nm Platinum Cubic Nanoboxes [J]. Nano Lett., 2010, 10 (4): 1492-1496.

[49] Song Y, Garcia R M, Dorin R M, et al. Synthesis of Platinum Nanocages by Using Liposomes Containing Photocatalyst Molecules [J]. Angew. Chem. Int. Ed., 2006, 118 (48): 8306-8310.

[50] Wang L, Imura M, Yamauchi Y. Tailored Design of Architecturally Controlled Pt Nanoparticles with Huge Surface Areas toward Superior Unsupported Pt Electrocatalysts [J]. ACS Appl. Mater. Interfaces, 2012, 4 (6): 2865-2869.

[51] Wang H, Jeong H Y, Imura M, et al. Shape-and Size-Controlled Synthesis in Hard Templates: Sophisticated Chemical Reduction for Mesoporous Monocrystalline Platinum Nanoparticles [J]. J. Am. Chem. Soc., 2011, 133 (37): 14526-14529.

[52] Tao A R, Habas S, Yang P. Shape Control of Colloidal Metal Nanocrystals [J]. Small, 2008, 4 (3): 310-325.

[53] Tian N, Zhou Z Y, Sun S G. Platinum Metal Catalysts of High-index Surfaces: from Single-crystal Planes to Electrochemically Shape-controlled Nanoparticles [J]. J. Phys. Chem. C., 2008, 112 (50): 19801-19817.

[54] Wei L, Fan Y J, Tian N, et al. Electrochemically Shape-Controlled Synthesis in Deep Eutectic Solvents: A New Route to Prepare Pt Nanocrystals Enclosed by High-Index Facets with High Catalytic Activity [J]. J. Phys. Chem. C., 2012, 116 (2): 2040-2044.

[55] Zhang Z C, Hui J F, Liu Z C, et al. Glycine-mediated Syntheses of Pt Concave Nanocubes with High-index {hk0} Facets and Their Enhanced Electrocatalytic Activities [J]. Langmuir, 2012, 28: 14845-14848.

[56] Zhou Z Y, Huang Z Z, Chen D J, et al. High-index Faceted Platinum Nanocrystals Supported on Carbon Black as Highly Efficient Catalysts for Ethanol Electrooxidation [J]. Angew. Chem. Int. Ed., 2009, 49 (2): 411-414.

[57] Zhang H, Jin M, Xia Y. Noble-Metal Nanocrystals with Concave Surfaces: Synthesis and Applications [J]. Angew. Chem. Int. Ed., 2012, 51 (31): 7656-7673.

[58] Peng Z, Yang H. Designer Platinum Nanoparticles: Control of Shape, Composition in Alloy, Nanostructure and Electrocatalytic Property [J]. Nano Today, 2009, 4 (2): 143-164.

[59] Yin A X, Min X Q, Zhang Y W, et al. Shape-selective Synthesis and Facet-dependent Enhanced Electrocatalytic Activity and Durability of Monodisperse Sub-10nm Pt-Pd Tetrahedrons and Cubes [J]. J. Am. Chem. Soc., 2011: 3816-3819.

[60] Hong J W, Kang S W, Choi B S, et al. Controlled Synthesis of Pd-Pt Alloy Hollow Nanostructures with Enhanced Catalytic Activities for Oxygen Reduction [J]. ACS nano, 2012, 6 (3): 2410-2419.

[61] Wu J, Zhang J, Peng Z, et al. Truncated Octahedral Pt_3Ni Oxygen Reduction Reaction Electrocatalysts [J]. J. Am. Chem. Soc., 2010, 132 (14): 4984-4985.

[62] Xu J, Zhao T, Liang Z. Synthesis of Active Platinum-silver Alloy Electrocatalyst toward the Formic Acid Oxidation Reaction [J]. J. Phys. Chem. C., 2008, 112 (44): 17362-17367.

[63] Peng Z, You H, Yang H. Composition-dependent Formation of Platinum Silver Nanowires [J]. ACS nano, 2010, 4 (3): 1501-1510.

[64] Peng Z, Yang H. Ag-Pt Alloy Nanoparticles with the Compositions in the Miscibility Gap [J]. J. Solid State Chem., 2008, 181 (7): 1546-1551.

[65] Wang Y, Yang H. Synthesis of CoPt Nanorods in Ionic Liquids [J]. J. Am. Chem. Soc., 2005, 127 (15): 5316-5317.

[66] Wang D S, Peng Q, Li Y D. Nanocrystalline Intermetallics and Alloys [J]. Nano Research, 2010, 3 (8): 574-580.

[67] Xu D, Liu Z P, Yang H Z, et al. Solution-based Evolution and Enhanced Methanol Oxidation Activity of Monodisperse Platinum-copper Nanocubes [J]. Angew. Chem. Int. Ed., 2009, 48 (23): 4217-4221.

[68] Hong F, Sun S, You H, et al. Cu_2O Template Strategy for the Synthesis of Structure-definable Noble Metal Alloy Mesocages [J]. Cryst. Growth Des., 2011, 11 (9): 3694-3697.

[69] Yang H, Dai L, Xu D, et al. Electrooxidation of Methanol and Formic Acid on PtCu Nanoparticles [J]. Electrochim. Acta, 2010, 55 (27): 8000-8004.

[70] Liu Q, Yan Z, Henderson N L, et al. Synthesis of CuPt Nanorod Catalysts with Tunable Lengths [J]. J. Am. Chem. Soc., 2009, 131 (16): 5720-5721.

[71] Kim J, Lee Y, Sun S H. Structurally Ordered FePt Nanoparticles and Their Enhanced Catalysis for Oxygen Reduction Reaction [J]. J. Am. Chem. Soc., 2010, 132 (14): 4996-4997.

[72] Kang Y J, Murray C B. Synthesis and Electrocatalytic Properties of Cubic Mn-Pt Nanocrystals [J]. J. Am. Chem. Soc., 2010, 132 (22): 7568-7569.

[73] Yang S C, Peng Z M, Yang H. Platinum Lead Nanostructures: Formation, Phase Behavior, and Electrocatalytic Properties [J]. Adv. Funct. Mater., 2008, 18 (18): 2745-2753.

[74] Maksimuk S, Yang S C, Peng Z M, et al. Synthesis and Characterization of Ordered Intermetallic PtPb Nanorods [J]. J. Am. Chem. Soc., 2007, 129 (28): 8684-8685.

[75] Wu J, Gross A, Yang H. Shape and Composition-Controlled Platinum Alloy Nanocrystals Using Carbon Monoxide as Reducing Agent [J]. Nano Lett., 2011, 11 (2): 798-802.

[76] Yin A X, Min X Q, Zhu W, et al. Pt-Cu and Pt-Pd-Cu Concave Nanocubes with High-Index Facets and Superior Electrocatalytic Activity [J]. Chem. Eur. J., 2012, 18 (3): 777-782.

[77] Zhang H, Jin M, Xia Y. Enhancing the Catalytic and Electrocatalytic Properties of Pt-based Catalysts by Forming Bimetallic Nanocrystals with Pd [J]. Chem. Soc. Rev., 2012, 41 (24): 8035-8049.

[78] Zhang H, Jin M, Wang J, et al. Synthesis of Pd-Pt Bimetallic Nanocrystals with a Concave Structure through a Bromide-Induced Galvanic Replacement Reaction [J]. J. Am. Chem. Soc., 2011, 133 (15): 6078-6089.

[79] Lim B, Jiang M J, Camargo P H C, et al. Pd-Pt Bimetallic Nanodendrites with High Activity for Oxygen Reduction [J]. Science, 2009, 324 (5932): 1302-1305.

[80] Peng Z, Yang H. Synthesis and Oxygen Reduction Electrocatalytic Property of Pt-on-Pd Bimetallic Heteronanostructures [J]. J. Am. Chem. Soc., 2009, 131 (22): 7542-7543.

[81] Lim B, Wang J G, Camargo P H C, et al. Facile Synthesis of Bimetallic Nanoplates Consisting of Pd Cores and Pt Shells through Seeded Epitaxial Growth [J]. Nano Lett., 2008, 8 (8): 2535-2540.

[82] Jiang M, Lim B, Tao J, et al. Epitaxial Overgrowth of Platinum on Palladium Nanocrystals [J]. Nanoscale, 2010, 2 (11): 2406-2411.

[83] Zhang H, Jin M, Wang J, et al. Nanocrystals Composed of Alternating Shells of Pd and Pt Can Be Obtained by Sequentially Adding Different Precursors [J]. J. Am. Chem. Soc., 2011, 133 (27): 10422-10425.

[84] Liu L, Samjeské G, Nagamatsu S, et al. Enhanced Oxygen Reduction Reaction Activity and Characterization of Pt-Pd/C Bimetallic Fuel Cell Catalysts with Pt-enriched Surfaces in Acid Media [J]. J. Phys. Chem. C., 2012, 116 (44): 23453-23464.

[85] Sasaki K, Naohara H, Cai Y, et al. Core-Protected Platinum Monolayer Shell High-stability Electrocatalysts for Fuel-cell Cathodes [J]. Angew. Chem. Int. Ed., 2010, 49 (46): 8602-8607.

[86] Koenigsmann C, Santulli A C, Gong K, et al. Enhanced Electrocatalytic Performance of Processed, Ultrathin, Supported Pd-Pt Core-Shell Nanowire Catalysts for the Oxygen Reduction Reaction [J]. J. Am. Chem. Soc., 2011, 133 (25): 9783-9795.

[87] Wang L, Yamauchi Y. Facile Synthesis of Three-Dimensional Dendritic Platinum Nanoelectrocatalyst [J]. Chem. Mater., 2009, 21 (15): 3562-3569.

[88] Gao S, Zhao H, Gao P, et al. Hydrogenated Boride-Assisted Gram-scale production of platinam-Palladium Alloy Nanoparticles on Carbon Black for PEMFL Cathodes: A Study from a Practical Standpoint [J]. ACS Applied Materials & Interfaces, 2022, 14 (30): 34750-34760.

[89] Kang Y, Ye X, Murray C B. Size- and Shape-Selective Synthesis of Metal Nanocrystals and Nanowires Using CO as a Reducing Agent [J]. Angew. Chem. Int. Ed., 2010, 49 (35): 6156-6159.

[90] Wu J B, Gross A, Yang H. Shape and Composition-Controlled Platinum Alloy Nanocrystals Using Carbon Monoxide as Reducing Agent [J]. Nano Lett., 2011, 11 (2): 798-802.

[91] Yang S, Zhang T, Zhang L, et al. Morphological Transition of Gold Nanostructures Induced by Continuous Ultraviolet Irradiation [J]. Nanotechnology, 2006, 17 (22): 5639-5643.

[92] Wang C, Daimon H, Lee Y, et al. Synthesis of Monodisperse Pt Nanocubes and Their Enhanced Catalysis for Oxygen Reduction [J]. J. Am. Chem. Soc., 2007, 129 (22): 6974-6975.

[93] Zhang J, Fang J Y. A General Strategy for Preparation of Pt 3d-transition Metal (Co, Fe, Ni) Nanocubes [J]. J. Am. Chem. Soc., 2009, 131 (51): 18543-18547.

[94] Song Y J, Hickner M A, Challa S R, et al. Evolution of Dendritic Platinum Nanosheets into Ripening-resistant Holey Sheets [J]. Nano Lett., 2009, 9 (4): 1534-1539.

[95] Chen X, Wu G, Chen J, et al. Synthesis of "Clean" and Well-dispersive Pd Nanoparticles with Excellent Electrocatalytic Property on Graphene Oxide [J]. J. Am. Chem. Soc., 2011, 133 (11): 3693-3695.

[96] Merga G, Saucedo N, Cass L C, et al. "Naked" Gold Nanoparticles: Synthesis, Characterization, Catalytic Hydrogen Evolution, and SERS [J]. J. Phys. Chem. C., 2010, 114 (35): 14811-14818.

[97] Wasserscheid P, Keim W. Ionic Liquids-new "Solutions" for Transition Metal Catalysis [J]. Angew. Chem. Int. Ed., 2000, 39 (21): 3772-3789.

[98] Sun X, Luo H, Dai S. Ionic Liquids-based Extraction: a Promising Strategy for the Advanced Nuclear Fuel Cycle [J]. Chem. Rev., 2012, 112 (4): 2100-2128.

[99] Petkovic M, Seddon K R, Rebelo L P N, et al. Ionic Liquids: a Pathway to Environmental Acceptability [J]. Chem. Soc. Rev., 2011, 40 (3): 1383-1403.

[100] Huddleston J G, Visser A E, Reichert W M, et al. Characterization and Comparison of Hydrophilic and Hydrophobic Room Temperature Ionic Liquids Incorporating the Imidazolium Cation [J]. Green Chem., 2001, 3 (4): 156-164.

[101] Davis J H, Fox P A. From Curiosities to Commodities: Ionic Liquids Begin the Transition [J]. Chem. Commun., 2003, 11: 1209-1212.

[102] Wilkes J S. A Short History of Ionic Liquids-from Molten Salts to Neoteric Solvents [J]. Green. Chem., 2002, 4 (2): 73-80.

[103] Scheeren C W, Machado G, Teixeira S R, et al. Synthesis and Characterization of Pt (0) Nanoparticles in Imidazolium Ionic Liquids [J]. J. Phys. Chem. B., 2006, 110 (26): 13011-13020.

[104] Biswas K, Rao C N R. Use of Ionic Liquids in the Synthesis of Nanocrystals and Nanorods of Semiconducting Metal Chalcogenides [J]. Chemistry-A Eur. J., 2007, 13 (21): 6123-6129.

[105] Zhang G, Zhou H, Hu J, et al. Pd Nanoparticles Catalyzed Ligand-free Heck Reaction in Ionic Liquid Microemulsion [J]. Green Chem., 2009, 11 (9): 1428-1432.

[106] Wang Y, Yang H. Oleic Acid as the Capping Agent in the Synthesis of Noble Metal Nanoparticles in Imidazolium-based Ionic Liquids [J]. Chem. Commun., 2006, 24: 2545-

2547.

[107] Kim T Y, Kim W J, Hong S H, et al. Ionic-liquid-assisted Formation of Silver Nanowires [J]. Angew. Chem., 2009, 121 (21): 3864-3867.

[108] Wang Y, Maksimuk S, Shen R, et al. Synthesis of Iron Oxide Nanoparticles Using a Freshly-made or Recycled Imidazolium-based Ionic Liquid [J]. Green Chem., 2007, 9 (10): 1051-1056.

[109] Zhu H P, Yang F, Tang J, et al. Brønsted Acidic Ionic Liquid 1-methylimidazolium Tetrafluoroborate: a Green Catalyst and Recyclable Medium for Esterification [J]. Green Chem., 2003, 5 (1): 38-39.

[110] Dai L Y, Yu S Y, Shan Y K, et al. Novel Room Temperature Inorganic Ionic Liquids [J]. Eur. J. Inorg. Chem., 2004, 2: 237-241.

[111] Moon I, Jeong Y. Equilibrium, Nonequilibrium, and Nonlinear Enthalpy Relaxation in a Supercooled Ionic Liquid [$Ca(NO_3)_2$]$_{0.4}$(KNO_3)$_{0.6}$ [J]. Thermochim Acta., 2001, 377 (1): 51-61.

[112] 赵海东. 贵金属Pt、Au及Pt基合金纳米材料的制备及其性能研究 [D]. 西安：西安交通大学, 2013.

[113] Seddon K R. Ionic liquids: a Taste of the Future [J]. Nat. Mater., 2003, 2 (6): 363-364.

[114] Hu C G, Liu H, Lao C S, et al. Size-manipulable Synthesis of Single-crystalline $BaMnO_3$ and $BaTi_{1/2}Mn_{1/2}O_3$ Nanorods/nanowires [J]. J. Phys. Chem. B, 2006, 110 (29): 14050-14054.

[115] Hu C G, Liu H, Dong W T, et al. $La(OH)_3$ and La_2O_3 Nanobelts-synthesis and Physical Properties [J]. Adv. Mater., 2007, 19 (3): 470-474.

[116] Hu C G, Xi Y, Liu H, et al. Composite-hydroxide-mediated Approach as a General Methodology for Synthesizing Nanostructures [J]. J. Mater. Chem., 2009, 19 (7): 858-868.

[117] Liu H, Hu C, Wang Z L. Composite-hydroxide-mediated Approach for the Synthesis of Nanostructures of Complex Functional-oxides [J]. Nano Lett., 2006, 6 (7): 1535-1540.

[118] Zhang J, Wang Y, Lin Z, et al. Formation and Self-Assembly of Cadmium Hydroxide Nanoplates in Molten Composite-hydroxide Solution [J]. Cryst. Growth Des., 2010, 10: 4285-4291.

[119] Zhang Y, Hu C, Zheng C, et al. Synthesis and Thermoelectric Property of $Cu_{2-x}Se$ Nanowires [J]. J. Phys. Chem. C., 2010, 114: 14849-14853.

[120] Zhao H, Yu C, You H, et al. A Green Chemical Approach for Preparation of Pt_xCu_y Nanoparticles with a Concave Surface in Molten Salt for Methanol and Formic Acid Oxidation Reactions [J]. J. Mater. Chem., 2012, 22: 4780-4789.

[121] Olajire A A. Valorization of greenhouse carbon dioxide emissions into value-added products by catalytic processes [J]. Journal of CO_2 Utilization, 2013, 3-4: 74-92.

[122] Zain M M, Mohamed A R. An overview on conversion technologies to produce value added products from CH_4 and CO_2 as major biogas constituents [J]. Renewable and Sustainable Energy Reviews, 2018, 98: 56-63.

[123] Kar S, Sen R, Goeppert A, et al. Integrative CO_2 Capture and Hydrogenation to Methanol with Reusable Catalyst and Amine: Toward a Carbon Neutral Methanol Economy [J]. Journal of the American Chemical Society, 2018, 140 (5): 1580-1583.

[124] Liu Z, Yang Z, Yu B, et al. Rhodium-Catalyzed Formylation of Aryl Halides with CO_2 and H_2 [J]. Organic Letters, 2018, 20 (17): 5130-5134.

[125] Xie H, Wang T, Liang J, et al. Cu-based nanocatalysts for electrochemical reduction of CO_2 [J]. Nano Today, 2018, 21: 41-54.

[126] Whipple D T, Kenis P J A. Prospects of CO_2 Utilization via Direct Heterogeneous Electrochemical Reduction [J]. The Journal of Physical Chemistry Letters, 2010, 1 (24): 3451-3458.

[127] Kim C, Eom T, Jee M S, et al. Insight into Electrochemical CO_2 Reduction on Surface-Molecule-Mediated Ag Nanoparticles [J]. ACS Catalysis, 2017, 7 (1): 779-785.

[128] Salehi-Khojin A, Jhong H R M, Rosen B A, et al. Nanoparticle Silver Catalysts That Show Enhanced Activity for Carbon Dioxide Electrolysis [J]. The Journal of Physical Chemistry C, 2013, 117 (4): 1627-1632.

[129] Gao J, Zhu C, Zhu M, et al. Highly Selective and Efficient Electroreduction of Carbon Dioxide to Carbon Monoxide with Phosphate Silver-Derived Coral-like Silver [J]. ACS Sustainable Chemistry & Engineering, 2019, 7 (3): 3536-3543.

[130] Hsieh Y C, Betancourt L E, Senanayake S D, et al. Modification of CO_2 Reduction Activity of Nanostructured Silver Electrocatalysts by Surface Halide Anions [J]. ACS Applied Energy Materials, 2019, 2 (1): 102-109.

[131] Peng X, Karakalos S G, Mustain W E. Preferentially Oriented Ag Nanocrystals with Extremely High Activity and Faradaic Efficiency for CO_2 Electrochemical Reduction to CO [J]. ACS Applied Materials & Interfaces, 2018, 10 (2): 1734-1742.

[132] García-Muelas R, Dattila F, Shinagawa T, et al. Origin of the Selective Electroreduction of Carbon Dioxide to Formate by Chalcogen Modified Copper [J]. The Journal of Physical Chemistry Letters, 2018, 9 (24): 7153-7159.

[133] Prakash G K S, Viva F A, Olah G A. Electrochemical reduction of CO_2 over Sn-Nafion ® coated electrode for a fuel-cell-like device [J]. Journal of Power Sources, 2013, 223: 68-73.

[134] Lu C, Yang J, Wei S, et al. Atomic Ni Anchored Covalent Triazine Framework as High Efficient Electrocatalyst for Carbon Dioxide Conversion [J]. Advanced Functional Materials, 2019: 1806884.

[135] Rosen J, Hutchings G S, Lu Q, et al. Electrodeposited Zn Dendrites with Enhanced CO

Selectivity for Electrocatalytic CO_2 Reduction [J]. ACS Catalysis, 2015, 5 (8): 4586-4591.

[136] Weng Z, Jiang J, Wu Y, et al. Electrochemical CO_2 Reduction to Hydrocarbons on a Heterogeneous Molecular Cu Catalyst in Aqueous Solution [J]. Journal of the American Chemical Society, 2016, 138 (26): 8076-8079.

[137] Vennekoetter J B, Sengpiel R, Wessling M. Beyond the catalyst: How electrode and reactor design determine the product spectrum during electrochemical CO_2 reduction [J]. Chemical Engineering Journal, 2019, 364: 89-101.

[138] Zhang H, Li J, Cheng M J, et al. CO Electroreduction: Current Development and Understanding of Cu-Based Catalysts [J]. ACS Catalysis, 2019, 9 (1): 49-65.

[139] Zhao Z, Lu G. Cu-Based Single-Atom Catalysts Boost Electroreduction of CO_2 to CH_3OH: First-Principles Predictions [J]. The Journal of Physical Chemistry C, 2019, 123 (7): 4380-4387.

[140] Wang Y, Wang D, Dares C J, et al. CO_2 reduction to acetate in mixtures of ultrasmall (Cu)n, (Ag)m bimetallic nanoparticles [J]. Proceedings of the National Academy of Sciences, 2018, 115 (2): 278-283.

[141] Clark E L, Hahn C, Jaramillo T F, et al. Electrochemical CO_2 Reduction over Compressively Strained CuAg Surface Alloys with Enhanced Multi-Carbon Oxygenate Selectivity [J]. Journal of the American Chemical Society, 2017, 139 (44): 15848-15857.

[142] Hoang T T H, Verma S, Ma S, et al. Nanoporous Copper-Silver Alloys by Additive-Controlled Electrodeposition for the Selective Electroreduction of CO_2 to Ethylene and Ethanol [J]. Journal of the American Chemical Society, 2018, 140 (17): 5791-5797.

[143] Wang J, Li Z, Dong C, et al. Silver/Copper Interface for Relay Electroreduction of Carbon Dioxide to Ethylene [J]. ACS Applied Materials & Interfaces, 2019, 11 (3): 2763-2767.

[144] Huang J, Mensi M, Oveisi E, et al. Structural Sensitivities in Bimetallic Catalysts for Electrochemical CO_2 Reduction Revealed by Ag-Cu Nanodimers [J]. Journal of the American Chemical Society, 2019.

[145] Choi J, Kim M J, Ahn S H, et al. Electrochemical CO_2 reduction to CO on dendritic Ag-Cu electrocatalysts prepared by electrodeposition [J]. Chemical Engineering Journal, 2016, 299: 37-44.

[146] Osowiecki W T, Ye X, Satish P, et al. Tailoring Morphology of Cu-Ag Nanocrescents and Core-Shell Nanocrystals Guided by a Thermodynamic Model [J]. Journal of the American Chemical Society, 2018, 140 (27): 8569-8577.

[147] Thanh T D, Chuong N D, Hien H V, et al. CuAg@Ag Core-Shell Nanostructure Encapsulated by N-Doped Graphene as a High-Performance Catalyst for Oxygen Reduction Reaction [J]. ACS Applied Materials & Interfaces, 2018, 10 (5): 4672-4681.

[148] Reske R, Mistry H, Behafarid F, et al. Particle Size Effects in the Catalytic Electroreduction of CO_2 on Cu Nanoparticles [J]. Journal of the American Chemical Society, 2014, 136 (19): 6978-6986.

[149] Gao D, Zhou H, Wang J, et al. Size-Dependent Electrocatalytic Reduction of CO_2 over Pd Nanoparticles [J]. Journal of the American Chemical Society, 2015, 137 (13): 4288-4291.

[150] Mistry H, Varela A S, Kuehl S, et al. Nanostructured electrocatalysts with tunable activity and selectivity [J]. Nature Reviews Materials, 2016, 1 (4): 1-14.

[151] Andrew N. Kuhn, Zhao H. D., Uzoma O. Nwabara, et al. Engineering Silver-Enriched Copper Core-Shell Electrocatalysts to Enhance the Production of Ethylene and C2+ Chemicals from Carbon Dioxide at Low Cell Potentials [J]. Adv. Funct. Mater. 2021, 2101668-2101678.

[152] Constantz B R, Ison I C, Fulmer M T, et al. Skeletal Repair by in Situ Formation of the Mineral Phase of Bone [J]. Science, 1995, 267 (5205): 1796-1799.

[153] Sun S, Zhang G, Geng D, et al. A Highly Durable Platinum Nanocatalyst for Proton Exchange Membrane Fuel Cells: Multiarmed Starlike Nanowire Single Crystal [J]. Angew. Chem., 2011, 123 (2): 442-446.

[154] Xie J P, Zhang Q B, Zhou W J, et al. Template-free Synthesis of Porous Platinum Networks of Different Morphologies [J]. Langmuir, 2009, 25 (11): 6454-6459.

[155] Sun S, Yang D, Villers D, et al. Template- and Surfactant- free Room Temperature Synthesis of Self-assembled 3D Pt Nanoflowers from Single Crystal Nanowires [J]. Adv. Mater., 2008, 20 (3): 571-574.

[156] Peng Z, Bell A T, Kisielowski C. Surfactant- free preparation of Supported Cubic Platinum Nanoparticles [J]. Chem. Commun., 2011, 48: 1854-1856.

[157] Shirai M, Igeta K, Arai M. The Preparation and Structure of Platinum Metal Nanosheets between Graphite Layers [J]. J. Phys. Chem. B., 2001, 105 (30): 7211-7215.

[158] Shirai M, Igeta K, Arai M. Formation of Platinum Nanosheets between Graphite Layers [J]. Chem. Commun., 2000, 7: 623-624.

[159] Zhu D L, Zhao H D, Wang B, et al. Synthesis and Electrocatalytic Performance of Ultrathin Noble Metal Nanosheets [J]. CrystEngComm, 2022, 24: 1319-1333.

[160] Xia H, Wang D. Fabrication of Macroscopic Freestanding Films of Metallic Nanoparticle Monolayers by Interfacial Self-assembly [J]. Adv. Mater., 2008, 20 (22): 4253-4256.

[161] Yang S C, Wan X W, Ji Y T, et al. Sintering-assisted Patterning of Monolayer Gold Nanoparticle film to Circular Nanowire Networks for Surface-Enhanced Raman Scattering [J]. CrystEngComm, 2010, 12: 3291-3295.

[162] Li Y J, Huang W J, Sun S G. A Universal Approach for the Self-assembly of Hydrophilic Nanoparticles into Ordered Monolayer Films at a Toluene/Water Interface [J]. Angew. Chem.

Int. Ed. , 2006, 45 (16): 2537-2539.

[163] Lou X W, Archer L A, Yang Z. Hollow Micro-/Nanostructures: Synthesis and Applications [J]. Adv. Mater. , 2008, 20 (21): 3987-4019.

[164] Rand M J. Chemical Vapor-deposition of Thin-film Platinum [J]. J. Electrochem. Soc. , 1973, 120 (5): 686-693.

[165] Liang G, Gao W G, Liu W P, et al. Thermal Behavior of Palladium (Ⅱ) Acetylacetonate [J]. Rare Metal Mat. Eng. , 2006, 35 (1): 150-153.

[166] Fang J, Ding B, Song X, et al. How a Silver Dendritic Mesocrystal Converts to a Single Crystal [J]. Appl. Phys. Lett. , 2008, 92 (17): 173120-173123.

[167] Unuabonah E I, Olu-Owolabi B I, Oladoja A N, et al. Pb/Ca Ion Exchange on Kaolinite Clay Modified with Phosphates [J]. J. Solid State Sedi. , 2010, 10 (6): 1103-1114.

[168] Stamenkovic V R, Mun B S, Arenz M, et al. Trends in Electrocatalysis on Extended and Nanoscale Pt-bimetallic Alloy Surfaces [J]. Nat. Mater. , 2007, 6 (3): 241-247.

[169] Van Hove M, Somorjai G. A New Microfacet Notation for High-miller-index Surfaces of Cubic Materials with Terrace, Step and Kink Structures [J]. Surf. Sci. , 1980, 92 (2): 489-518.

[170] Yamamoto T A, Nakagawa T, Seino S, et al. Bimetallic Nanoparticles of PtM (M= Au, Cu, Ni) Supported on Iron Oxide: Radiolytic Synthesis and CO Oxidation Catalysis [J]. Appl. Catal. , A: General, 2010, 387 (1): 195-202.

[171] Zhao H D, Liu R, Guo Y, et al. Molten Salt Medium Synthesis of Wormlike Platinum Silver Nanotubes Without any Organic Surfactant or Solvent for Methanol and Formic Acid Oxidation [J]. PCCP. , 2015, 17: 31170-31176.

[172] Koper MTM. Structure Sensitivity and Nanoscale Effects in Electrocatalysis [J]. Nanoscale, 2011, 3 (5): 2054-2073.

[173] Xu C, Wang L, Mu X, et al. Nanoporous PtRu Alloys for Electrocatalysis [J]. Langmuir, 2010, 26 (10): 7437-7443.

[174] Feng L, Gao G, Huang P, et al. Preparation of PtAg Alloy Nanoisland/Graphene Hybrid Composites and its High Stability and Catalytic Activity in Methanol Electro-oxidation [J]. Nanoscale research letters, 2011, 6 (1): 1-10.

[175] He W, Wu X, Liu J, et al. Formation of AgPt Alloy Nanoislands Via Chemical Etching with Tunable Optical and Catalytic Properties [J]. Langmuir, 2010, 26 (6): 4443-4448.

[176] Fu G T, Xia B Y, Ma R G, et al. Trimetallic PtAgCu@ PtCu core@ Shell Concave Nanooctahedrons with Enhanced Activity for Formic Acid Oxidation Reaction [J]. Nano Energy, 2015, 12: 824-832.

[177] Yan Z, Xie J, Shen P K. Hollow Molybdenum Carbide Sphere Promoted Pt Electrocatalyst for Oxygen Reduction and Methanol Oxidation Reaction [J]. Journal of Power Sources, 2015, 286: 239-246.

[178] Pound B G, Macdonald D D, Tomlinson J W. The Electrochemistry of Silver in Koh at Elevated Temperatures-Ⅱ. Cyclic Voltammetry and Galvanostatic Charging Studies [J]. Electrochimica Acta, 1980, 25: 563-573.

[179] Lima F H B, Sanches C D, Ticianelli E A. Physical Characterization and Electrochemical Activity of Bimetallic Platinum-Silver Particles for Oxygen Reduction in Alkaline Electrolyte [J]. Journal of The Electrochemical Society, 2005, 152: A1466-A1473.

[180] Feng Y Y, Zhang G R, Ma J H, et al. Carbon-Supported PtAg Nanostructures as Cathode Catalysts for Oxygen Reduction Reaction [J]. Physical Chemistry Chemical Physics, 2011, 13: 3863-3872.

[181] Zhao H D, Lu Z, Liu R, et al. Preparation of Platinum Silver Alloy Nanoparticles and Their Catalytic Performance in Methanol Electro Oxidation [J]. Journal of Fuel Chemistry and Technology, 2020, 8: 1015-1024.

[182] Chatenet M, Genies-Bultel L, Aurousseau M, et al. Oxygen Reduction on Silver Catalysts in Solutions Containing Various Concentrations of Sodium Hydroxide-Comparison With Platinum [J]. Journal of Applied Electrochemistry, 2002, 32: 1131-1140.

[183] Nagle L C, Ahern A J, Burke D L. Some Unusual Features of the Electrochemistry of Silver in Aqueous Base [J]. Journal of Solid State Electrochemistry, 2002, 6: 320-330.

[184] Jovic B M, Jovic V D, Stafford G R. Cyclic Voltammetry on Ag (111) and Ag (100) Faces in Sodium Hydroxide Solutions [J]. Electrochemistry Communications, 1999, 1: 247-251.

[185] Orozco G, Pérez M C, Rincón A, et al. Electrooxidation of Methanol on Silver in Alkaline Medium [J]. Journal of Electroanalytical Chemistry, 2000, 495: 71-78.

[186] Feng Y Y, Bi L X, Liu Z H, et al. Significantly Enhanced Electrocatalytic Activity for Methanol Electro-Oxidation on Ag Oxide-Promoted PtAg/C Catalysts in Alkaline Electrolyte [J]. Journal of Catalysis, 2012, 290: 18-25.

[187] Mertens S F L, Vollmer C, Held A, et al. "Ligand-Free" Cluster Quantized Charging in an Ionic Liquid [J]. Angew. Chem. Int. Ed., 2011, 50 (41): 9735-9738.

[188] Vollmer C, Janiak C. Naked Metal Nanoparticles from Metal Carbonyls in Ionic Liquids: Easy Synthesis and Stabilization [J]. Coord Chem. Rev., 2011, 255 (17): 2039-2057.

[189] Pal A, Shah S, Devi S. Synthesis of Au, Ag and Au-Ag alloy Nanoparticles in Aqueous Polymer Solution [J]. Colloids and Surfaces A: Physicochemical and Engineering Aspects, 2007, 302 (1): 51-57.

[190] Bell A T. The Impact of Nanoscience on Heterogeneous Catalysis [J]. Science, 2003, 299 (5613): 1688-1691.

[191] Chen M, Pica T, Jiang Y B, et al. Synthesis and Self-Assembly of Fcc Phase FePt Nanorods [J]. J. Am. Chem. Soc., 2007, 129 (20): 6348-6349.

[192] Guo S, Wang E. Noble Metal Nanomaterials: Controllable Synthesis and Application in Fuel

Cells and Analytical Sensors [J]. Nano Today, 2011, 6: 240-264.

[193] Singh B, Murad L, Laffir F, et al. Pt Based Nanocomposites (Mono/bi/tri-Metallic) Decorated Using Different Carbon Supports for Methanol Electro-Oxidation in Acidic and Basic Media [J]. Nanoscale, 2011, 3 (8): 3334-3349.

[194] Cunha E, Ribeiro J, Kokoh K, et al. Preparation, Characterization and Application of Pt-Ru-Sn/C Trimetallic Electrocatalysts for Ethanol Oxidation in Direct Fuel Cell [J]. Int. J. Hydrogen Energy, 2011, 36 (17): 11034-11042.

[195] Wang H, Wang R, Li H, et al. Facile Synthesis of Carbon-Supported Pseudo-Core@ Shell PdCu@ Pt Nanoparticles for Direct Methanol Fuel Cells [J]. Int. J. Hydrogen Energy, 2011, 36 (1): 839-848.

[196] Mandal S, Selvakannan P, Pasricha R, et al. Keggin Ions as UV-Switchable Reducing Agents in the Synthesis of Au Core-Ag Shell Nanoparticles [J]. J. Am. Chem. Soc., 2003, 125 (28): 8440-8441.

[197] Mallin M P, Murphy C J. Solution-Phase Synthesis of Sub-10nm Au-Ag Alloy Nanoparticles [J]. Nano Lett., 2002, 2 (11): 1235-1237.

[198] Link S, Wang Z L, El-Sayed M A. Alloy Formation of Gold-Silver Nanoparticles and the Dependence of the Plasmon Absorption on Their Composition [J]. J. Phys. Chem. B, 1999, 103 (18): 3529-3533.

[199] Chen X, Henckel D A, Nwabara U O, et al. Controlling Speciation During CO_2 Reduction on Cu-Alloy Electrodes. ACS Catalysis 2020, 10 (1), 672-682.

[200] Ma S, Sadakiyo M, Heima M, et al. Electroreduction of Carbon Dioxide to Hydrocarbons Using Bimetallic Cu-Pd Catalysts With Different Mixing Patterns [J]. Journal of the American Chemical Society 2017, 139 (1), 47-50.

[201] Chen D, Wang Y, Liu D, et al. Surface Composition Dominates the Electrocatalytic Reduction of CO_2 on Ultrafine CuPd Nanoalloys [J]. Carbon Energy, 2020, 2 (3): 443-451.

[202] Hoang T T H, Verma S, Ma S, et al. Nanoporous Copper-Silver Alloys by Additive-Controlled Electrodeposition for the Selective Electroreduction of CO_2 to Ethylene and Ethanol [J]. Journal of the American Chemical Society, 2018, 140 (17), 5791-5797.

[203] Zhanga W, Xua C, Hua Y, et al. Electronic and Geometric Structure Engineering of Bicontinuous Porous Ag-Cu Nanoarchitectures for Realizing Selectivity-Tunable Electrochemical CO_2 Reduction [J]. Nano Energy, 2020, 73, 104796.

[204] Zhang X, Han S, Zhu B, et al. Reversible Loss of Core-Shell Structure for Ni-Au Bimetallic Nanoparticles During CO_2 Hydrogenation [J]. Nature Catalysis, 2020, 3, 411-417.

[205] Wang Y, Cao L, Libretto N J, et al. Ensemble Effect in Bimetallic Electrocatalysts for CO_2 Reduction [J]. Journal of the American Chemical Society, 2019, 141 (42), 16635-16642.

[206] Li D, Wang C, Tripkovic D, et al. Surfactant Removal for Colloidal Nanoparticles from Solution Synthesis: The Effect on Catalytic Performance [J]. ACS Catalysis, 2012, 2 (7), 1358-1362.

[207] Wu J, Yang H. Synthesis and Electrocatalytic Oxygen Reduction Properties of Truncated Octahedral Pt_3Ni Nanoparticles [J]. Nano Research, 2011, 4 (1), 72-82.

[208] Jhong H R M, Brushett F R, Kenis P J A. The Effects of Catalyst Layer Deposition Methodology on Electrode Performance [J]. Advanced Energy Materials, 2013, 3 (5), 589-599.